《中国工程物理研究院科技丛书》第085号

聚变堆阻氚涂层材料

Tritium Permeation Barrier Materials for Fusion Reactors

张桂凯　陈长安　向　鑫　编著

国防工业出版社

·北京·

图书在版编目(CIP)数据

聚变堆阻氚涂层材料/张桂凯,陈长安,向鑫编著. --北京:国防工业出版社,2024.10. -- ISBN 978-7-118-13158-1

Ⅰ.TL64

中国国家版本馆 CIP 数据核字第 2024VT0866 号

※

*国防工业出版社*出版发行
(北京市海淀区紫竹院南路23号 邮政编码100048)
北京虎彩文化传播有限公司印刷
新华书店经售

*

开本 787×1092 1/16 插页 8 印张 10¼ 字数 200 千字
2024 年 10 月第 1 版第 1 次印刷 印数 1—1200 册 定价 168.00 元

(本书如有印装错误,我社负责调换)

国防书店:(010)88540777 书店传真:(010)88540776
发行业务:(010)88540717 发行传真:(010)88540762

致 读 者

本书由中央军委装备发展部**国防科技图书出版基金**资助出版。

为了促进国防科技和武器装备发展，加强社会主义物质文明和精神文明建设，培养优秀科技人才，确保国防科技优秀图书的出版，原国防科工委于1988年初决定每年拨出专款，设立国防科技图书出版基金，成立评审委员会，扶持、审定出版国防科技优秀图书。这是一项具有深远意义的创举。

国防科技图书出版基金资助的对象是：

1. 在国防科学技术领域中，学术水平高，内容有创见，在学科上居领先地位的基础科学理论图书；在工程技术理论方面有突破的应用科学专著。

2. 学术思想新颖，内容具体、实用，对国防科技和武器装备发展具有较大推动作用的专著；密切结合国防现代化和武器装备现代化需要的高新技术内容的专著。

3. 有重要发展前景和有重大开拓使用价值，密切结合国防现代化和武器装备现代化需要的新工艺、新材料内容的专著。

4. 填补目前我国科技领域空白并具有军事应用前景的薄弱学科和边缘学科的科技图书。

国防科技图书出版基金评审委员会在中央军委装备发展部的领导下开展工作，负责掌握出版基金的使用方向，评审受理的图书选题，决定资助的图书选题和资助金额，以及决定中断或取消资助等。经评审给予资助的图书，由国防工业出版社出版发行。

国防科技和武器装备发展已经取得了举世瞩目的成就，国防科技图书承担着记载和弘扬这些成就，积累和传播科技知识的使命。开展好评审工作，使有限的基金发挥出巨大的效能，需要不断摸索、认真总结和及时改进，更需要国防科技和武器装备建设战线广大科技工作者、专家、教授，以及社会各界朋友的热情支持。

让我们携起手来，为祖国昌盛、科技腾飞、出版繁荣而共同奋斗！

国防科技图书出版基金
评审委员会

国防科技图书出版基金
2020 年度评审委员会组成人员

主 任 委 员　吴有生

副主任委员　郝　刚

秘 书 长　郝　刚

副 秘 书 长　刘　华

委　　　员　于登云　王清贤　甘晓华　邢海鹰　巩水利

（按姓氏笔画排序）　刘　宏　孙秀冬　芮筱亭　杨　伟　杨德森

　　　　　　　吴宏鑫　肖志力　初军田　张良培　陆　军

　　　　　　　陈小前　赵万生　赵凤起　郭志强　唐志共

　　　　　　　康　锐　韩祖南　魏炳波

《中国工程物理研究院科技丛书》
出 版 说 明

中国工程物理研究院建院 50 年来，坚持理论研究、科学实验和工程设计密切结合的科研方向，完成了国家下达的各项国防科技任务。通过完成任务，在许多专业领域里，不论是在基础理论方面，还是在实验测试技术和工程应用技术方面，都有重要发展和创新，积累了丰富的知识经验，造就了一大批优秀科技人才。

为了扩大科技交流与合作，促进我院事业的继承与发展，系统地总结我院 50 年来在各个专业领域里集体积累起来的经验，吸收国内外最新科技成果，形成一套系列科技丛书，无疑是一件十分有意义的事情。

这套丛书将部分地反映中国工程物理研究院科技工作的成果，内容涉及本院过去开设过的 20 几个主要学科。现在和今后开设的新学科，也将编著出书，续入本丛书中。

这套丛书自 1989 年开始出版，在今后一段时期还将继续编辑出版。我院早些年零散编著出版的专业书籍，经编委会审定后，也纳入本丛书系列。

谨以这套丛书献给 50 年来为我国国防现代化而献身的人们！

《中国工程物理研究院科技丛书》
编审委员会
2008 年 5 月 8 日修改

《中国工程物理研究院科技丛书》
第八届编审委员会

学术顾问　杜祥琬　彭先觉　孙承纬

编委会主任　孙昌璞

副　主　任　汪小琳　晏成立

委　　　员　（以姓氏拼音为序）

　　　　　　　白　彬　陈　军　陈泉根　杜宏伟　傅立斌
　　　　　　　高妍琦　谷渝秋　何建国　何宴标　李海波
　　　　　　　李　明　李正宏　罗民兴　马弘舸　彭述明
　　　　　　　帅茂兵　苏　伟　唐　淳　田保林　王桂吉
　　　　　　　夏志辉　向　泂　肖世富　杨李茗　应阳君
　　　　　　　曾　超　曾桥石　祝文军

秘　　　书　刘玉娜

科技丛书编辑部

负 责 人　杨　蒿

本册编辑　刘玉娜

《中国工程物理研究院科技丛书》
出版书目

001	高能炸药及相关物性能		
	董海山　周芬芬　主编	科学出版社	1989年11月
002	光学高速摄影测试技术		
	谭显祥　编著	科学出版社	1990年02月
003	凝聚炸药起爆动力学		
	章冠人　陈大年　编著	国防工业出版社	1991年09月
004	线性代数方程组的迭代解法		
	胡家赣　著	科学出版社	1991年12月
005	映象与混沌		
	陈式刚　编著	国防工业出版社	1992年06月
006	再入遥测技术（上册）		
	谢铭勋　编著	国防工业出版社	1992年06月
007	再入遥测技术（下册）		
	谢铭勋　编著	国防工业出版社	1992年12月
008	高温辐射物理与量子辐射理论		
	李世昌　著	国防工业出版社	1992年10月
009	粘性消去法和差分格式的粘性		
	郭柏灵　著	科学出版社	1993年03月
010	无损检测技术及其应用		
	张俊哲　等　著	科学出版社	1993年05月
011	半导体材料的辐射效应		
	曹建中　等　著	科学出版社	1993年05月
012	炸药热分析		
	楚士晋　著	科学出版社	1993年12月
013	脉冲辐射场诊断技术		
	刘庆兆　等　著	科学出版社	1994年12月
014	放射性核素活度测量的方法和技术		
	古当长　著	科学出版社	1994年12月
015	二维非定常流和激波		
	王继海　著	科学出版社	1994年12月

016	抛物型方程差分方法引论		
	李德元　陈光南　著	科学出版社	1995年12月
017	特种结构分析		
	刘新民　韦日演　编著	国防工业出版社	1995年12月
018	理论爆轰物理		
	孙锦山　朱建士　著	国防工业出版社	1995年12月
019	可靠性维修性可用性评估手册		
	潘吉安　编著	国防工业出版社	1995年12月
020	脉冲辐射场测量数据处理与误差分析		
	陈元金　编著	国防工业出版社	1997年01月
021	近代成象技术与图象处理		
	吴世法　编著	国防工业出版社	1997年03月
022	一维流体力学差分方法		
	水鸿寿　著	国防工业出版社	1998年02月
023	抗辐射电子学——辐射效应及加固原理		
	赖祖武　等　编著	国防工业出版社	1998年07月
024	金属的环境氢脆及其试验技术		
	周德惠　谭云　编著	国防工业出版社	1998年12月
025	实验核物理测量中的粒子分辨		
	段绍节　编著	国防工业出版社	1999年06月
026	实验物态方程导引(第二版)		
	经福谦　著	科学出版社	1999年09月
027	无穷维动力系统		
	郭柏灵　著	国防工业出版社	2000年01月
028	真空吸取器设计及应用技术		
	单景德　编著	国防工业出版社	2000年01月
029	再入飞行器天线		
	金显盛　著	国防工业出版社	2000年03月
030	应用爆轰物理		
	孙承纬　卫玉章　周之奎　著	国防工业出版社	2000年12月
031	混沌的控制、同步与利用		
	王光瑞　于熙龄　陈式刚　编著	国防工业出版社	2000年12月
032	激光干涉测速技术		
	胡绍楼　著	国防工业出版社	2000年12月
033	气体炮原理及技术		
	王金贵　编著	国防工业出版社	2000年12月
034	一维不定常流与冲击波		
	李维新　编著	国防工业出版社	2001年05月

035	X射线与真空紫外辐射源及其计量技术		
	孙景文 编著	国防工业出版社	2001年08月
036	含能材料热谱集		
	董海山 胡荣祖 姚朴 张孝仪 编著	国防工业出版社	2001年10月
037	材料中的氦及氚渗透		
	王佩璇 宋家树 编著	国防工业出版社	2002年04月
038	高温等离子体X射线谱学		
	孙景文 编著	国防工业出版社	2003年01月
039	激光核聚变靶物理基础		
	张钧 常铁强 著	国防工业出版社	2004年06月
040	系统可靠性工程		
	金碧辉 主编	国防工业出版社	2004年06月
041	核材料γ特征谱的测量和分析技术		
	田东风 龚健 伍钧 胡思得 编著	国防工业出版社	2004年06月
042	高能激光系统		
	苏毅 万敏 编著	国防工业出版社	2004年06月
043	近可积无穷维动力系统		
	郭柏灵 高平 陈瀚林 著	国防工业出版社	2004年06月
044	半导体器件和集成电路的辐射效应		
	陈盘训 著	国防工业出版社	2004年06月
045	高功率脉冲技术		
	刘锡三 编著	国防工业出版社	2004年08月
046	热电池		
	陆瑞生 刘效疆 编著	国防工业出版社	2004年08月
047	原子结构、碰撞与光谱理论		
	方泉玉 颜君 著	国防工业出版社	2006年01月
048	非牛顿流动力系统		
	郭柏灵 林国广 尚亚东 著	国防工业出版社	2006年02月
049	动高压原理与技术		
	经福谦 陈俊祥 主编	国防工业出版社	2006年03月
050	直线感应电子加速器		
	邓建军 主编	国防工业出版社	2006年10月
051	中子核反应激发函数		
	田东风 孙伟力 编著	国防工业出版社	2006年11月
052	实验冲击波物理导引		
	谭华 著	国防工业出版社	2007年03月
053	核军备控制核查技术概论		
	刘成安 伍钧 编著	国防工业出版社	2007年03月

054	强流粒子束及其应用		
	刘锡三 著	国防工业出版社	2007年05月

055 氚和氚的工程技术
蒋国强 罗德礼 陆光达 孙灵霞 编著　　国防工业出版社　2007年11月

056 中子学宏观实验
段绍节 编著　　国防工业出版社　2008年05月

057 高功率微波发生器原理
丁 武 著　　国防工业出版社　2008年05月

058 等离子体中辐射输运和辐射流体力学
彭惠民 编著　　国防工业出版社　2008年08月

059 非平衡统计力学
陈式刚 编著　　科学出版社　2010年02月

060 高能硝胺炸药的热分解
舒远杰 著　　国防工业出版社　2010年06月

061 电磁脉冲导论
王泰春 贺云汉 王玉芝 著　　国防工业出版社　2011年03月

062 高功率超宽带电磁脉冲技术
孟凡宝 主编　　国防工业出版社　2011年11月

063 分数阶偏微分方程及其数值解
郭柏灵 蒲学科 黄凤辉 著　　科学出版社　2011年11月

064 快中子临界装置和脉冲堆实验物理
贺仁辅 邓门才 编著　　国防工业出版社　2012年02月

065 激光惯性约束聚变诊断学
温树槐 丁永坤 等 编著　　国防工业出版社　2012年04月

066 强激光场中的原子、分子与团簇
刘 杰 夏勤智 傅立斌 著　　科学出版社　2014年02月

067 螺旋波动力学及其控制
王光瑞 袁国勇 著　　科学出版社　2014年11月

068 氚化学与工艺学
彭述明 王和义 主编　　国防工业出版社　2015年04月

069 微纳米含能材料
曾贵玉 聂福德 等 著　　国防工业出版社　2015年05月

070 迭代方法和预处理技术(上册)
谷同祥 安恒斌 刘兴平 徐小文 编著　　科学出版社　2016年01月

071 迭代方法和预处理技术(下册)
谷同祥 徐小文 刘兴平 安恒斌
杭旭登 编著　　科学出版社　2016年01月

072 放射性测量及其应用
蒙大桥 杨明太 主编　　国防工业出版社　2018年01月

编号	书名	作者	出版社	出版时间
073	核军备控制核查技术导论	刘恭梁 解东 朱剑钰 编著	中国原子能出版社	2018年01月
074	实验冲击波物理	谭华 著	国防工业出版社	2018年05月
075	粒子输运问题的蒙特卡罗模拟方法与应用（上册）	邓力 李刚 著	科学出版社	2019年06月
076	核能未来与Z箍缩驱动聚变裂变混合堆	彭先觉 刘成安 师学明 著	国防工业出版社	2019年12月
077	海水提铀	汪小琳 文君 著	科学出版社	2020年12月
078	装药化爆安全性	刘仓理 等 编著	科学出版社	2021年01月
079	炸药晶态控制与表征	黄明 段晓惠 编著	西北工业大学出版社	2020年11月
080	跟踪引导计算与瞄准偏置理论	游安清 张家如 著	西南交通大学出版社	2022年08月
081	复杂介质动理学	许爱国 张玉东 著	科学出版社	2022年11月
082	金属铀氢化腐蚀	汪小琳 著	科学出版社	2023年05月
083	高能X射线闪光照相及其图像处理	许海波 刘军 施将君 编著	国防工业出版社	2024年01月
084	典型有机高分子材料的贮存老化性能与失效分析	杨强 魏齐龙 孙朝明 著	国防工业出版社	2024年02月
085	聚变堆阻氚涂层材料	张桂凯 陈长安 向鑫 编著	国防工业出版社	2024年10月

前　言

阻氚涂层利用材料的防氢渗透和抗氢腐蚀特性来保护金属结构材料，不仅可以提高氢同位素操作装置（特别是涉氚系统）的安全性，而且可以提高聚变堆氘氚燃料的利用效率，在聚变堆氘氚燃料结构包层及工业制氢、高压储氢与加氢等方面都有重要的应用需求，是现代氘氚核聚变能及氢能等可持续能源领域的关键技术之一，尤其对于聚变堆氚自持功能的实现及氚放射性安全环境的达标具有重要意义。

自 20 世纪 90 年代起，国内外有核国家和具有重水反应堆的国家大多开展了阻氚涂层研究。尤其近 30 年来，国际热核实验堆（ITER）各参与国在阻氚涂层材料选择、涂层工艺筛选及性能评价等方面开展了大量工作。我国早期以军事需求为背景开展了阻氚涂层的制备技术研究。自 2009 年以来，围绕聚变能研究，依托国家磁约束聚变能发展研究专项，部署了阻氚涂层的基础科学问题及工程化技术的研究工作。

为此，针对军民两用技术——阻氚涂层，本书密切结合聚变堆结构材料中阻氚涂层材料研发实际需求，在我国阻氚涂层研究取得一系列国际、国内领先研究成果的基础上，结合国内外最新文献，系统总结了氧化物阻氚涂层材料、非氧化物阻氚涂层材料及复合阻氚涂层材料的制备、性能及工程化的最新成果，着重从涂层材料的基本性质、制备技术及性能、阻滞氚渗透机制和氢致材料损伤等方面系统总结阻氚涂层的研究进展，基本反映了国内外在阻氚涂层材料领域的前沿技术和研究热点。本书是对目前国内外优选阻氚涂层科学与技术问题的思考、剖析及不同学术观点的客观总结，为后续 ITER、中国聚变工程实验堆（CFETR）涉氚系统中阻氚涂层的基础研究、工程化应用研究以及学术观点讨论奠定了基础并指明了方向。

作者在中国工程物理研究院长期从事防氚渗透材料研究以及研究生教育工作，并在此基础上编写本专著。本书总结了近十年来中国工程物理研究院在聚变堆阻氚涂层材料领域的研究进展，不仅反映了作者工作经验的积累及对阻氚涂层的关键科学、技术问题的思考和剖析，而且融合了所在团队的研究思想和部分成果。本书的出版得到汪小琳、赖新春、李炬、罗文华、唐涛、杨飞龙、陆光达、石岩等研究人员的支持，感谢彭雪星、王文轩、高翔及胡立等研究生为本书出版所做的工作。

本书的出版得益于《中国工程物理研究院科技丛书》编辑部的大力支持，也得益于国家磁约束聚变能发展研究专项的支持，以及国内优势单位开展的阻氚涂层的基础科学问题及工程化技术研究工作。其中，以中国工程物理研究院、中国原子能科学研究院、中国科学院等离子体物理研究所和北京有色金属研究总院为代表的单位开展了传统阻氚涂层制备工艺技术研究工作，以华中科技大学、北京科技大学、浙江大学和武汉大学为代表的单位开展了新型阻氚涂层的设计及制备技术研究工作，上述工作有力促进和支撑了本书的编写工作。本书的相关章的编写得到了浙江大学凌国平教授、华中科技大学严有为教授和北京科技大学曹江利教授的大力帮助,在此一并感谢。同时,感谢国防工业出版社和国防科技图书出版基金对本书出版的大力支持和资助。

  鉴于作者水平有限,书中难免存在不妥之处,欢迎读者批评、指正,并对本书内容提出意见和建议。

张桂凯 陈长安 向 鑫

2023 年 7 月

目 录

第1章 阻氚涂层概述 ··· 1

1.1 聚变能及聚变堆 ··· 2
1.1.1 聚变能 ·· 2
1.1.2 聚变堆 ·· 2
1.1.3 国际热核实验堆(ITER) ·· 4
1.1.4 中国聚变工程实验堆(CFETR) ·· 4
1.2 聚变堆的氢同位素来源 ··· 5
1.3 聚变堆面临的氢同位素问题 ·· 5
1.4 聚变堆结构材料 ··· 6
1.4.1 聚变堆氚工厂结构材料 ··· 7
1.4.2 聚变堆产氚包层结构材料 ·· 7
1.5 阻氚涂层是聚变堆氚自持与氚安全的保证 ··· 8
1.6 聚变堆对阻氚涂层的要求 ··· 9
1.7 阻氚涂层性能的评价方法 ··· 10
1.7.1 阻氚性能 ·· 10
1.7.2 抗热冲击性能 ·· 15
1.7.3 耐辐照性能 ··· 15
1.7.4 液态 Li-Pb 相容性 ·· 16
1.7.5 电绝缘性能 ··· 16
1.7.6 氚相容性 ·· 16
参考文献 ·· 17

第2章 阻氚涂层材料的基本性质 ··· 19

2.1 氧化物阻氚涂层材料 ··· 19
2.1.1 Al_2O_3 ·· 20
2.1.2 Cr_2O_3 ·· 23
2.1.3 Er_2O_3 ·· 23
2.1.4 Y_2O_3 ··· 24
2.1.5 其他氧化物阻氚涂层材料 ·· 25
2.2 非氧化物阻氚涂层材料 ·· 25
2.2.1 SiC ··· 25

	2.2.2 TiC ··· 26
	2.2.3 TiN ··· 27
	2.2.4 Si_3N_4 ·· 27
	2.2.5 AlN ··· 27
2.3	复合阻氚涂层材料 ··· 28

参考文献 ··· 28

第3章 氧化物阻氚涂层的制备及性能 ··· 30

3.1 Al_2O_3 阻氚涂层的制备及性能 ··· 30
3.1.1 物理气相沉积法 ··· 30
3.1.2 化学气相沉积法 ··· 31
3.1.3 溶胶-凝胶法 ··· 31
3.1.4 等离子体喷涂法 ··· 32
3.1.5 热氧化法 ·· 32
3.1.6 $\alpha\text{-}Al_2O_3$ 的低温制备方法 ·································· 39

3.2 Cr_2O_3 阻氚涂层的制备及性能 ··· 40
3.2.1 化学气相沉积法 ··· 41
3.2.2 热氧化法 ·· 41
3.2.3 双层辉光等离子渗法 ·· 42

3.3 Er_2O_3 阻氚涂层的制备及性能 ··· 42
3.3.1 物理气相沉积法 ··· 43
3.3.2 化学气相沉积法 ··· 43
3.3.3 金属有机物分解法 ·· 44
3.3.4 溶胶-凝胶法 ··· 46
3.3.5 其他制备方法 ··· 46

3.4 Y_2O_3 阻氚涂层的制备及性能 ·· 47
3.4.1 物理气相沉积法 ··· 47
3.4.2 化学气相沉积法 ··· 48
3.4.3 金属有机物分解法 ·· 49
3.4.4 其他制备方法 ··· 49

参考文献 ··· 50

第4章 氧化物阻氚涂层与氢同位素的相互作用 ································ 54

4.1 Al_2O_3 中的氢行为 ·· 54
4.1.1 氢在 Al_2O_3 表面的吸附行为 ································· 54
4.1.2 氢在 Al_2O_3 中的输运及其影响因素 ························ 55
4.1.3 Al_2O_3 中氢行为理论模拟 ······································ 57
4.1.4 $\alpha\text{-}Al_2O_3$ 阻氚涂层阻滞氢渗透的作用机理 ········ 66

4.1.5　Cr 对 α-Al_2O_3 中 H 相关缺陷的影响 ·················· 67
　4.2　Er_2O_3 中的氢行为 ·· 71
　　　4.2.1　Er_2O_3 中氢行为的理论模拟 ····························· 71
　　　4.2.2　Er_2O_3 中氢行为的实验研究 ····························· 73
　4.3　氢致氧化物阻氚涂层材料损伤行为 ································· 75
　　　4.3.1　氢同位素对氧化物阻氚涂层材料结构的影响 ········· 75
　　　4.3.2　氢同位素对氧化物阻氚涂层材料力学性能的影响 ··· 78
　　　4.3.3　氢同位素对氧化物阻氚涂层材料电学性能的影响 ··· 80
　4.4　氧化物阻氚涂层的氚相容性研究 ···································· 82
　　　4.4.1　α-Al_2O_3 中的 He 行为及其对氢扩散行为的影响 ···· 82
　　　4.4.2　Er_2O_3 中的 He 行为 ······································ 86
　　　4.4.3　Y_2O_3 中的 He 行为 ······································· 87
　4.5　氧化物阻氚涂层的辐照研究 ··· 89
　参考文献 ··· 90

第 5 章　复合阻氚涂层 ··· 93

　5.1　Al_2O_3 基复合阻氚涂层 ·· 93
　　　5.1.1　Al_2O_3/Fe-Al 复合阻氚涂层 ······························ 93
　　　5.1.2　Al_2O_3/Cr_2O_3 复合阻氚涂层 ······························ 114
　　　5.1.3　Al_2O_3/TiC 复合阻氚涂层 ································ 119
　　　5.1.4　Al_2O_3/Er_2O_3 复合阻氚涂层 ······························ 122
　　　5.1.5　Al-Cr-O 复合阻氚涂层 ····································· 123
　　　5.1.6　其他 Al_2O_3 基复合阻氚涂层 ···························· 123
　5.2　Cr_2O_3 基复合阻氚涂层 ·· 124
　　　5.2.1　Cr_2O_3/SiO_2/$CrPO_4$ 复合阻氚涂层 ··················· 124
　　　5.2.2　$AlPO_4$/Cr_2O_3 复合阻氚涂层 ···························· 127
　　　5.2.3　Y_2O_3/Cr_2O_3 复合阻氚涂层 ······························ 129
　5.3　Er_2O_3 基复合阻氚涂层 ·· 131
　　　5.3.1　Er_2O_3/Fe 复合阻氚涂层 ··································· 132
　　　5.3.2　Er_2O_3/ZrO_2 复合阻氚涂层 ······························ 132
　　　5.3.3　Er_2O_3/SiC 复合阻氚涂层 ································· 133
　5.4　Ti 基复合阻氚涂层 ·· 133
　参考文献 ··· 134

Contents

Chapter 1 Introduction ··· 1

    1.1   Fusion Energy and Fusion Reactor ······································· 2
        1.1.1   Fusion Energy ··· 2
        1.1.2   Fusion Reactor ·· 2
        1.1.3   ITER ·· 4
        1.1.4   CFETR ·· 4
    1.2   Sources of Hydrogen Isotopes in Fusion Reactors ················· 5
    1.3   Hydrogen Isotope Issues in Fusion Reactors ························ 5
    1.4   Fusion Reactor Structural Materials ····································· 6
        1.4.1   Tritium Plant Structural Materials ································· 7
        1.4.2   Tritium Breeding Blanket Structural Materials ················ 7
    1.5   Assurance of Tritium Self-sufficiency and Tritium Safety ········ 8
    1.6   Requirements of TPBs ··· 9
    1.7   Evaluation Methods ··· 10
        1.7.1   Tritium Resistance Properties ·· 10
        1.7.2   Thermal Shock Resistance ·· 15
        1.7.3   Radiation Resistance ·· 15
        1.7.4   Liquid Li-Pb Compatibility ·· 16
        1.7.5   Electrical Insulation ·· 16
        1.7.6   Tritium Compatibility ·· 16
    References ·· 17

Chapter 2 Basic Properties of TPB Materials ······························ 19

    2.1   Oxide TPB Materials ··· 19
        2.1.1 Al_2O_3 ·· 20
        2.1.2 Cr_2O_3 ·· 23
        2.1.3 Er_2O_3 ·· 23
        2.1.4 Y_2O_3 ··· 24
        2.1.5   Other Oxide TPB Materials ··· 25
    2.2   Non-oxide TPB Materials ·· 25
        2.2.1   SiC ·· 25

  2.2.2 TiC ……………………………………………………………………… 26
  2.2.3 TiN ……………………………………………………………………… 27
  2.2.4 Si_3N_4 ………………………………………………………………… 27
  2.2.5 AlN ……………………………………………………………………… 27
 2.3 Composite TPB Materials ……………………………………………………… 28
 References …………………………………………………………………………… 28

Chapter 3 Preparation and Performance of Oxide TPBs ………………………… 30

 3.1 Preparation and Performance of Al_2O_3 TPBs ……………………………… 30
  3.1.1 Physical Vapor Deposition …………………………………………… 30
  3.1.2 Chemical Vapor Deposition ………………………………………… 31
  3.1.3 Sol-Gel ………………………………………………………………… 31
  3.1.4 Plasma Spraying ……………………………………………………… 32
  3.1.5 Thermal Oxidation …………………………………………………… 32
  3.1.6 Low-temperature Preparation Methods of $\alpha\text{-}Al_2O_3$ …………… 39
 3.2 Preparation and Performance of Cr_2O_3 TPBs ……………………………… 40
  3.2.1 Chemical Vapor Deposition ………………………………………… 41
  3.2.2 Thermal Oxidation …………………………………………………… 41
  3.2.3 Double Glow Plasma Surface Alloying ……………………………… 42
 3.3 Preparation and Performance of Er_2O_3 TPBs ……………………………… 42
  3.3.1 Physical Vapor Deposition …………………………………………… 43
  3.3.2 Chemical Vapor Deposition ………………………………………… 43
  3.3.3 Metal Organic Deposition …………………………………………… 44
  3.3.4 Sol-Gel ………………………………………………………………… 46
  3.3.5 Other Preparation Methods ………………………………………… 46
 3.4 Preparation and Performance of Y_2O_3 TPBs ……………………………… 47
  3.4.1 Physical Vapor Deposition …………………………………………… 47
  3.4.2 Chemical Vapor Deposition ………………………………………… 48
  3.4.3 Metal Organic Deposition …………………………………………… 49
  3.4.4 Other Preparation Methods ………………………………………… 49
 References …………………………………………………………………………… 50

Chapter 4 Interactions of Hydrogen Isotope with Oxide TPBs ………………… 54

 4.1 Hydrogen Behaviors in Al_2O_3 ……………………………………………… 54
  4.1.1 Hydrogen Adsorption on Al_2O_3 Surface …………………………… 54
  4.1.2 Hydrogen Transport and Influencing Factors in Bulk Al_2O_3 …… 55
  4.1.3 Theoretical Simulation of Hydrogen Behaviors in Al_2O_3 ……… 57
  4.1.4 Resistance Mechanism of Hydrogen in $\alpha\text{-}Al_2O_3$ ………………… 66
  4.1.5 Cr Effect on Hydrogen-Related Defects in $\alpha\text{-}Al_2O_3$ …………… 67

4.2　Hydrogen Behaviors in Er_2O_3 ········· 71
　　4.2.1　Theoretical Simulation of Hydrogen Behaviors in Er_2O_3 ········· 71
　　4.2.2　Experimental Research on Hydrogen Behaviors in Er_2O_3 ········· 73
4.3　Hydrogen Damage Behaviors in Oxide TPBs ········· 75
　　4.3.1　Effect of Hydrogen Isotope on Microstructures of Oxide TPBs ········· 75
　　4.3.2　Effect of Hydrogen Isotope on Mechanical Properties of Oxide TPBs ········· 78
　　4.3.3　Effect of Hydrogen Isotope on Electrical Properties of Oxide TPBs ········· 80
4.4　Tritium Compatibility of Oxide TPBs ········· 82
　　4.4.1　He Behaviors and Its Effect on Hydrogen Diffusion in $\alpha-Al_2O_3$ ········· 82
　　4.4.2　He Behaviors in Er_2O_3 ········· 86
　　4.4.3　He Behaviors in Y_2O_3 ········· 87
4.5　Irradiation Effect in Oxide TPBs ········· 89
References ········· 90

Chapter 5　Composite TPBs ········· 93

5.1　Al_2O_3 Based Composite TPBs ········· 93
　　5.1.1　Al_2O_3/Fe-Al Composite TPBs ········· 93
　　5.1.2　Al_2O_3/Cr_2O_3 Composite TPBs ········· 114
　　5.1.3　Al_2O_3/TiC Composite TPBs ········· 119
　　5.1.4　Al_2O_3/Er_2O_3 Composite TPBs ········· 122
　　5.1.5　Al-Cr-O Composite TPBs ········· 123
　　5.1.6　Other Composite TPBs ········· 123
5.2　Cr_2O_3 Based Composite TPBs ········· 124
　　5.2.1　Cr_2O_3/SiO_2/$CrPO_4$ Composite TPBs ········· 124
　　5.2.2　$AlPO_4$/Cr_2O_3 Composite TPBs ········· 127
　　5.2.3　Y_2O_3/Cr_2O_3 Composite TPBs ········· 129
5.3　Er_2O_3 Based Composite TPBs ········· 131
　　5.3.1　Er_2O_3/Fe Composite TPBs ········· 132
　　5.3.2　Er_2O_3/ZrO_2 Composite TPBs ········· 132
　　5.3.3　Er_2O_3/SiC Composite TPBs ········· 133
5.4　Ti Based Composite TPBs ········· 133
References ········· 134

第 1 章 阻氚涂层概述

聚变能源由于资源丰富和近零污染,未来将成为人类社会的理想能源,是最有希望彻底解决能源问题的根本出路之一,对于我国经济、社会的可持续发展具有重要的战略意义,是关系长远发展的基础前沿领域[1-2]。

最大的国际科技合作项目国际热核聚变实验堆(International Thermonuclear Experimental Reactor,ITER)计划应运而生,ITER 成员有中国、欧盟、韩国、印度、日本、俄罗斯、美国,占世界总人口数的 70%左右。当前,为充分把握加入 ITER 计划的契机,全面吸收和掌握国际先进聚变堆建设和实验技术,并为解决我国实际面临的紧迫能源需求问题提供切实可行的解决途径,我国实时启动了中国聚变工程实验堆(China Fusion Engineering Experimental Reactor,CFETR)项目。聚变能源研究的战略目标是:在落实"两个百年"目标的进程中,实现聚变能源研发的跨越式发展,率先在中国实现聚变能的和平利用;在 2030 年前具备独立自主建设聚变堆的能力;在 2040 年前后开展聚变示范堆的研发;在 21 世纪 50 年代,开始聚变示范电站的建设和运行工作,力争在达到第二个百年目标前后实现聚变能的商业应用,为实现人类和平利用聚变能做出贡献。为实现这一目标,应尽快开展聚变堆设计及关键技术、关键材料、关键部件的研发工作。

聚变堆材料的研发是一个相对长期的工作,需要根据中国核聚变能源发展的战略目标,制订清晰的聚变堆材料发展路线图,以便尽早启动满足各个阶段需求的材料研发工作以及支撑平台的建设。其中,阻氚涂层是聚变堆结构包层和氚工厂技术发展中的关键材料与技术之一,是包层和氚工厂氚自持功能得以实现及达到氚放射性安全环境标准的重要保障[3-8]。因此,必须尽快实现 CFETR 涉氚系统中大多涉氚系统结构部件表面阻氚涂层的制备及应用。

阻氚涂层的研究工作始于 20 世纪 90 年代,国外有核国家和具有重水反应堆的国家大多开展了金属结构材料表面的阻氚涂层研究工作,如德国卡尔斯鲁厄技术所(KIT),法国原子能署(CEA),意大利国家新技术、能源和可持续经济发展局(ENEA)和日本原子能署(JAEA)等。在国内,中国工程物理研究院(CAEP)、中国原子能科学研究院(CIAE)和中国科学院等离子体物理研究所(ASIPP)等单位长期开展阻氚涂层的研究工作[4]。近 30 年,ITER 各参与国针对各自提出的氚增殖包层概念,在阻氚涂层的材料选择、涂层工艺筛选及阻氚渗透性能评价等方面开展了大量研究。

根据国家聚变能发展规划,2009 年以来我国通过国家磁约束聚变能发展研究专项部署了阻氚涂层的基础问题及工程化技术研究工作,在阻氚涂层的材料选择、制备技术及其工程化和阻滞氚渗透机制等方面均取得了重要研究进展。

1.1 聚变能及聚变堆

1.1.1 聚变能

人类生存和社会发展离不开能源,世界经济的发展得益于化石能源与核裂变能的广泛投入及应用。大量化石能源的燃烧和低水平开发利用,导致全球环境污染和气候变暖等灾难性后果。随着不可再生资源的减少,全球能源形式日益紧张,能源危机将制约世界各国经济发展,新能源的开发和利用迫在眉睫[1-2]。

核能在今后一段时间内将成为化石能源的主要替代能源,主要有核裂变能和核聚变能两种形式。裂变核电站自20世纪50年代开始建立,裂变技术至今已发展成熟,目前为全球提供了约16%的电力供应,裂变核电所占份额仍将继续提升。然而,核裂变燃料铀在地球上的储量有限,铀矿资源的开采、乏燃料处理和处置均会产生高放和长寿命放射性废物,导致核辐射污染及人员辐射危害等问题。

核聚变是指轻原子核(主要是氢的同位素氘和氚)聚合成较重的原子核,同时释放出巨大能量的过程。与核裂变能相比,聚变能在安全性、燃料储量以及最小的环境破坏性等方面具有令人瞩目的优点[2],这些优点使高水平核辐射污染与原料枯竭等问题将不再存在。因此,有必要发展受控热核聚变以弥补化石燃料与核裂变能的缺点。

受控核聚变是让轻原子核聚合所产生的核能以可控的方式释放出来并有可观的能量增益的核反应[9]。受控核聚变能因其固有的核安全性、对环境的优越性以及可用燃料的区域广泛性和持久性而被认为是人类能源问题的最终解决方案。

氘与氚可发生下列聚变反应,放出17.58MeV的能量,即

$$D+T \longrightarrow n(14.06\text{MeV})+He(3.52\text{MeV}) \tag{1.1}$$

由于氘-氚聚变反应的截面较氘-氘及氘-He-3的截面大得多(尤其是在目前可实现的10keV左右粒子加热温度下,图1.1),且是目前相对最容易实现点火的聚变反应途径,因此它是未来第一阶段聚变能源研究中最优先考虑的聚变反应类型,氚也是目前民用聚变能开发利用必不可少的核燃料。

1.1.2 聚变堆

氘氚聚变反应可采用超热氘氚等离子体的磁约束聚变(magnetic confinement fusion, MCF)和粒子碰撞激发氘氚固体靶丸的惯性约束聚变(inertial confinement fusion, ICF)两种不同的驱动方式。其中,MCF的代表性实现形式是托卡马克装置,目前在建的ITER采用的就是这一技术(图1.2(a)),预计实现500MW的聚变功率[10]。在ITER国内配套项目的支持下,我国开展了CFETR的概念设计研究。根据设计规划,CFETR一期拟实现50~1500MW的聚变功率、30%~50%的年满功率聚变燃烧运行因子、聚变发电演示、氚自持等科学目标[11]。此外,欧盟在EUROfusion等机构的支持下,正在开展聚变示范电站(Demonstration Fusion Power Plant, DEMO)的前期概念设计研究。根据现有设计,DEMO的聚变功率将大于1GW,且将演示聚变堆发电输出和氘氚燃料自持循环[12]。

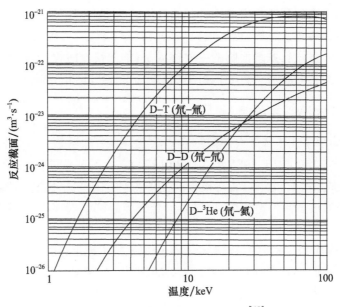

图1.1 不同聚变反应的反应截面[10]

ICF的代表性实现形式是采用高功率激光加载或Z箍缩驱动的方式进行点火。前者如美国的国家点火装置(national ignition facility,NIF),如图1.2(b)所示;后者如美国圣地亚国家实验室的Zinerator以及由我国CAEP设计的Z箍缩驱动聚变裂变混合堆(Z-pinch driven fusion fission hybrid reactor,Z-FFR),如图1.2(c)所示[13]。与MCF相比,基于ICF的能源系统设计起步较晚。2012年,美国劳伦斯-利弗莫尔实验室(LLNL)才设计出了一个由ICF驱动的聚变电站系统,其充氚的聚变靶室直径达数米,采用384路激光入射并间接驱动装载至黑腔中的氘氚冰丸以发生聚变,设计的重频频率达到900发每分钟,以实现1GW的纯聚变功率输出。同时,拟采用金属Li为氚增殖剂材料以实现聚变堆的氚自持。近年来,中国工程物理研究院核物理与化学研究所等单位完成了Z-FFR的工程概念设计,其充氚的聚变靶室直径达14m,采用40~60MA的大电流脉冲电源加载以实现聚变点火,聚变功率为150MW,运行频率为0.1Hz。此外,设置裂变包层以获得10倍以上的能量放大,拟采用Li_4SiO_4作为氚增殖剂以实现反应堆的氚自持。

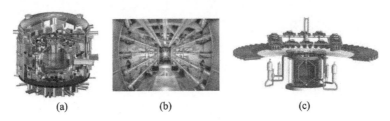

图1.2 几种典型的聚变装置

(a)ITER托卡马克装置;(b)美国国家点火装置(NIF);(c)中国Z箍缩驱动聚变裂变混合堆(Z-FFR)。

从氚的角度看,这两类聚变堆技术所面临的问题和挑战是不同的。MCF面临的氚问题和挑战主要有两个:一是氚处理规模很大,这主要是由于其燃耗率很低(ITER预计为0.3%),导致排灰气中有大量未燃耗的氘氚燃料需要处理;二是实现氚自持很有挑战,这主要是由于其在实现较高的氚增殖比(tritium breeding ratio,TBR)方面面临挑战。ICF采用固体氘氚靶丸作为聚变燃料,可实现较高的燃耗率(不小于30%),因此氚处理的规模会相对较小。其氘氚燃料系统面临的主要挑战是:如何快速回收、处理氚浓度低(10^{-6}量级)、杂质气体种类多且含有一定固体粉尘(特别是Z-FFR)的靶室气体。

1.1.3 国际热核实验堆(ITER)

ITER计划为核聚变领域最大的国际合作项目,由中国、欧盟、日本、韩国、俄罗斯、美国、印度共同参与。该计划于1985年在日内瓦峰会上由美苏首脑提出,1991年完成概念设计,2001年完成了工程设计的最终报告及主要部件的研制。我国于2006年正式加入ITER计划,旨在通过参与装置的建设和运行,全面吸收和掌握MCF技术的研究成果,推进我国核聚变能的发展。

ITER计划将集成国际磁约束受控核聚变的主要技术成果,建造世界上第一个燃烧氘氚等离子体的托卡马克聚变实验堆,聚变功率为500MW、氘氚持续燃烧时间大于500s[14-15]。ITER装置的建立为聚变能研究提供了广泛的物理和工程实验平台,为DEMO堆的建造奠定了可靠的科学和工程技术基础。

为利用聚变装置提供的电磁及中子环境,ITER设置了实验包层模块(test blanket module,TBM),主要是对产氚和能量获取技术进行实验验证和综合测试。目前,ITER各参与国都提出了各自的TBM概念设计,用于测试并验证聚变堆包层技术。我国提出的TBM概念为双功能液态锂铅实验包层模块[16]和氦冷固态球床实验包层模块[17],两种结构材料均选用低活化铁素体/马氏体钢(reduced activation ferritic/martensitic steel, RAFM),氚增殖剂分别采用Li_4SiO_4和液态Li-Pb合金。

1.1.4 中国聚变工程实验堆(CFETR)

我国MCF研究开始于20世纪五十年代末,尽管经历了长时间非常困难的时期,但始终坚持稳定、渐进的发展,建成了两个在发展中国家最大、理工结合的大型现代化专业研究所,即核工业西南物理研究院及中国科学院等离子体物理研究所。近几年,随着我国HL-2A、全超导托卡马克(EAST)两个大型托卡马克装置的成功建设和运行,大大缩小了我国与国际聚变界的差距,具备了开展前沿科学技术问题研究的能力。尤其近期EAST装置实现了400s以上高约束模式等离子体的成功放电实验,更是极大鼓舞了中国甚至国际聚变界对聚变能开发的信心。

当前,为充分利用加入ITER计划的契机,全面吸收和掌握国际先进聚变堆建设和实验技术,并为解决我国面临的紧迫能源需求问题提供切实可行的解决途径,在科技部的支持下,我国实时启动了CFETR的前期概念设计工作[18],其基本目标是在2030年前在中国独立建设50~1500MW、能演示聚变发电的先进反应堆。

按《中国聚变工程实验堆的路线规划图》规划[19],我国将在下一阶段,即2030年前后,建成能够实现燃料氚的自持,并具有发电输出功能的工程实验堆——CFETR。CFETR将从功能上超越ITER装置,通过全增殖包层与吸收的聚变中子反应产氚来补充真空室氚的燃耗,实现氚的自持。

1.2 聚变堆的氢同位素来源

氢、氘和氚(H、D 和 T)统称氢同位素。聚变堆包层结构材料中氚的来源主要为植入源和化学源[20]。植入源的第一种来自堆芯等离子体中的 D/T 等离子体辐照，主要针对第一壁结构材料；第二种是聚变堆产生的中子辐照引起的材料中氧、氮等杂质组分的嬗变；第三种是增殖包层材料中含 Li 增殖剂产氚过程中产生的 T 离子的再注入效应。化学源中的第一种分别来自第一壁材料中 D/T、固态增殖材料中 $H_2/D_2/T_2$、液态增殖材料中 T_2 解离形成的分压；第二种是冷却水，由于渗透、辐照和腐蚀引起的 HT/T_2 的同位素交换；第三种是氚工厂氚包容结构材料、氚处理功能材料中由于溶解、同位素交换和辐照引入的氢同位素。

1.3 聚变堆面临的氢同位素问题

与氢一样，氚易于通过渗透扩散的方式进入材料中。与氢不同的是，氚的 β 衰变会产生辐照效应。一方面，氚的 β 衰变会向材料中引入 He-3，而 He-3 是一种不可溶的惰性气体原子，它会优先与材料中的空位结合，并通过自捕陷机制聚集于晶界及位错等缺陷处，形成区域性的 He-3 浓度梯度，产生局部应力和体胀，进而损害材料的力学性能[21]。例如，在不锈钢中，氚的引入不仅会产生传统"氢脆"现象，还会因为衰变产物 He-3 原子的积累、迁移、聚集而最终在钢中形成氦泡(图 1.3)，进而产生"氦脆"现象。另一方面，氚衰变产生的 β 射线会与材料中的束缚态电子发生一系列的非弹性碰撞，并在这一过程中将部分能量传递给材料中的原子或分子，引起这些原子或分子的电离、激发，有时还会发生分子离解或键的断裂。对于塑料、橡胶等高分子材料，由于其中部分化学键较易被打断，因此这些材料在涉氚环境中使用会更容易发生老化现象。上述由于氚衰变引起材料结构、形态或力学性质变化的作用称为氚的辐照损伤效应，是氚最显著区别于氢/氘与材料间的物理相互作用。这种氚与材料间的物理作用会对氚包容与密封材料的选择产生重要影响。

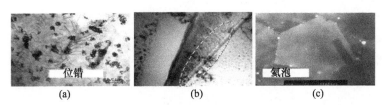

图 1.3 不锈钢结构材料中典型的氢脆现象
(a)氚在不锈钢中位错的聚集状态；(b)氚在不锈钢中晶界处的聚集状态；
(c)氚衰变产生的 He-3 在钢中形成氦泡。

在氚与材料的化学相互作用方面，氚与氢和氘的不同之处在于，氚的 β 衰变兼具辐射分解和电离催化的双重作用，进而产生辐射化学效应和放射化学效应[20]。其中，辐射化学效应是指氚衰变产生的 β 射线在化学反应体系中能产生电离，诱发或者催化主反应的进行;而放射化学效应则是指氚衰变形成的 He-3 在化学反应体系中产生离子或自由基,它们能引起新反应类型的发生。由于这两种效应的存在,氚可能会引发某些氢存在时不能或者很难发生的化学反应。例如,将氢与 CO 在常温常压下混合并不会引起化学反应,但将氚与 CO 混合 265h 后,通过红外光谱可以检测到多种自由基团的生成[22],如图 1.4 所示。

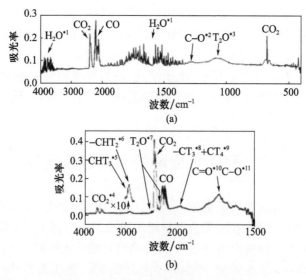

图 1.4 氚与 CO 混合后的红外光谱图
(a)92h;(b)265h。

此外,氚在以下三种化学反应类型中与氢和氘有明显区别。一是氚的溶解反应。在绝大多数溶解反应中,可以预计进入和溶出的溶质是相同的。但在氚操作中,实验表明,不论进入溶解反应的氚化物分子是什么,溶出的多以氚化水(HTO)形态为主。这是因为氚化物分子在向材料表面或晶界迁移过程中,通过附着在材料表面的水蒸气分子层时,发生了催化交换反应,形成了 HTO。在考虑氚的安全防护和氚设施表面氚污染物的去污时,了解元素态氚和氧化态氚不同的溶解反应十分必要。二是氚的交换反应。由于氚衰变产生 β 射线提供的辐射能量,有氚参与的氢同位素交换反应的速率比无氚参与时要快得多。这一特性使得氚易通过氢同位素交换反应在其他材料中产生滞留。三是辐射分解反应。氚衰变产生的 β 射线在材料中的射程很短,因此氚衰变产生的能量几乎全部沉积在发生衰变氚原子的极近邻区域内,进而可能引发辐照分解反应。例如,氚化水在贮存过程中会发生辐照分解反应,产生氢气、过氧化氢(H_2O_2,俗称双氧水),并降低溶液的 pH 值,导致容器压力增加、氢爆、容器腐蚀等安全问题。

1.4 聚变堆结构材料

聚变堆结构材料主要指在聚变堆中制造受力构件所用材料,如奥氏体不锈钢或 RAFM 钢等,主要分为聚变堆包层和氚工厂结构材料两大类。通常,聚变堆结构材料应具有以下特点[4]:

(1) 低活性；
(2) 优良的室温和高温力学性能；
(3) 良好的相容性,能与氚、氚增殖剂、冷却剂、中子倍增材料和面向等离子体材料良好相容；
(4) 拥有工业应用核数据库；
(5) 可大规模加工制造和焊接；
(6) 经济性高,成本低。

1.4.1 聚变堆氚工厂结构材料

奥氏体不锈钢可作为聚变堆氚工厂部件的备选结构材料。它具有完备的数据库,特别是对其中的氚/氦效应已有深入了解。国外氚工艺系统的结构材料一般推荐使用锻造的奥氏体不锈钢,包括牌号为 304L、316L 及 347 的奥氏体不锈钢,其中常用的是 304L 和 316L 型奥氏体不锈钢。这些不锈钢具有强度高、焊接性能好、抗氢脆能力强等特点。目前,商用的涉氚系统真空部件,如管道、阀门、泵及分析系统的传感器等,大多由这类奥氏体不锈钢制造。国产品牌的抗氢钢系列,如 HR-1、HR-2、HR-3、HR-4、J75、J90 等奥氏体不锈钢,已被证明非常适合用作氚系统的高压和高温组件,如贮氢罐、管道和氚提取反应器等。中国工程物理研究院材料研究所在氚、氦与这些传统结构材料的相互作用规律及机制研究方面取得系列成果(表1.1),为其在涉氚包容装置中的应用设计提供了依据,今后将主要进行聚变环境下的工程应用性能评价。

表 1.1 国产抗氢钢 HR-1 和 HR-2 的氢脆性能[23]

钢类型	充氢前			充氢后			$I/\%$
	σ_b/MPa	$\delta/\%$	$\varphi_0/\%$	σ_b/MPa	$\delta/\%$	$\varphi_H/\%$	
HR-1	561	59.0	81.0	526	60.8	71.2	12
HR-2	756	55.3	79.3	702	57.9	69.0	13
1Cr18Ni9Ti	774	30.3	69.6	633	49.6	44.4	36

注：氢脆指标 $I=[(\varphi_0-\varphi_H)/\varphi_0]\times100\%$。

在氚工厂燃料循环子系统,如氚提取系统、等离子体排灰气处理系统以及储存与供给系统中,因部分部件的氚分压大(最高可达 100kPa)、处理温度高(约 500℃),氚渗透将更为严重,而这些系统的典型结构部件以长管道和大容器为主。

1.4.2 聚变堆产氚包层结构材料

聚变堆堆芯等离子区发生氘氚反应,温度极高,将产生高能中子辐照(14MeV)、粒子辐照(D/T/He)、高热流密度(5~20MW/m²)以及高强度机械载荷等。因此,包层模块长时间处于超高温度、高能粒子轰击、氢蚀、锂蚀、材料的氢脆与氦脆等极端环境下,这就对聚变堆包层结构材料提出了更高的要求。

在长期服役过程中,聚变堆结构材料将经受高热负荷、高能中子辐照和氢氦损伤的多重作用,导致材料的使役性能大幅下降,给反应堆的经济、安全运行带来严重威胁。现役无聚变反应的氢氘等离子体放电模拟实验一般采用耐腐蚀且力学性能较好的316型奥氏体不锈钢作为装置的结构材料,但其抗辐照肿胀能力差,不能满足未来实际氘氚聚变反应堆的要求。

根据聚变能材料发展战略,聚变堆低活性候选结构材料包括[24-25]:RAFM 钢(低活化铁系体/马氏体钢)、钒合金、SiC/SiC$_f$ 复合材料。三种候选结构材料性能比较见表 1.2。

表 1.2 候选结构材料性能比较

结构材料	优点	缺点	主要材料
RAFM 钢	高热导率 热膨胀系数低 抗辐照肿胀性能优良 拥有丰富核应用数据 低活化、耐腐蚀	铁磁性 温度窗口 250~550℃ 缺乏辐照性能数据库	F82H、JLF-1 Eurofer 97 9Cr-2WVTa CLAM 等
钒合金	高温性能优异 抗中子辐照 温度窗口 400~700℃ 低活化、结构稳定	氢脆,氢渗透率高 高温下易氧化或吸氧 缺乏辐照性能数据库 经济性一般	V-4Cr-4Ti V-5Cr-5Ti
SiC/SiC$_f$ 复合材料	高温性能优异 抗中子辐照 温度窗口 550~1050℃	热导率低、延展性差 制造加工困难 经济成本高 缺乏数据库	

候选结构材料可分为参考材料和先进材料。RAFM 钢由于其成熟的工业基础,被选作参考材料,是近 30 年来被研究最多的结构材料。目前,我国已经掌握了吨级低活性 RAFM 钢的熔炼与控杂技术,主要有 CLAM 钢和 CLF-1 两种,获得了材料的基本数据库,已应用于 ITER TBM 模块的研发制造,但应用到 DEMO 工程时,其有限的温度窗口和铁磁性将导致应用受限。

钒合金与 SiC/SiC$_f$ 复合材料由于具有更优异的低活化特性、高温力学性能以及环保特性,被认定为候选结构材料中的先进材料。其中,钒合金被认为作为中期目标的材料较好,SiC/SiC$_f$ 复合材料则适合作为远期目标的材料选择。目前,钒合金、SiC/SiC$_f$ 复合材料的加工制造能力已有大幅度提高,但钒合金的原材料价格高、高氢渗透问题,以及 SiC/SiC$_f$ 复合材料的规模化制造、部件连接问题,都将在工程应用中使材料受到限制。

1.5 阻氚涂层是聚变堆氚自持与氚安全的保证

阻氚涂层是大幅降低氚原子通过渗透进入或渗出结构部件、维持聚变堆氚自持循环、降低氚对材料损伤及人员与环境的放射性危害等诸多不利因素的有效途径,是聚变堆氚自持与氚安全防护领域的关键科学与技术问题之一[26]。

以 ITER 固态氦冷陶瓷增殖剂(helium cooled ceramic breeder, HCCB)实验包层模块(HCCB-TBM)为例,假定在等离子体满功率运行条件下,HCCB-TBM 平均产氚速率约为11.6mg/fpd(满功率运行日(full power day))。根据氚在材料中的渗透系数及运行TES所设置的氚分压、处理温度等工况条件,在不使用阻氚渗透涂层的情况下,TBM模块、连接管道及其氚处理辅助系统的氚渗透总量计算值约为40mg/fpd[26-27],远高于TBM的产氚速率。此外,氚在金属材料中的溶解和渗透特性将导致氚在TBM包层、第一壁及偏滤器等部件材料表面及体相中的驻留。大量氚的驻留将使材料性能恶化,也将进一步加剧氚的损失[4,21]。同时,放射性核素氚向环境的排放将给人员和环境带来辐射危害[5]。可见,如不降低TBM模块及其连接管道和氚处理辅助系统中氚的渗透损失,不仅无法实现TBM氚的自身平衡,而且也难满足ITER运行的氚排放限值要求。因此,通过技术手段降低氚在结构材料中的渗透与驻留意义十分重大。

为确保氚的排放较好地满足ITER涉氚系统的氚安全限值以取得参试许可,中国在TBM氚系统设计描述文件(design description document, DDD)报告中,将涉氚系统中包容液态Li-Pb合金、气态氚的结构部件表面阻氚涂层的渗透率降低因子(permeation reduction factor, PRF)分别规定为10和100。HCCB-TBM是中国拟进入ITER测试的首选包层类型,将在法国安装调试并进行前期电磁兼容性考核,2035年正式进行产氚实验。为配合这一总体节点要求,必须尽快实现TBM、TBM涉氚系统中大多数涉氚结构部件表面阻氚涂层制备技术的工程化。

根据国家磁约束聚变能发展规划部署,CFETR于将2030年前后建成,这将是磁约束聚变堆在工程意义上首次实现燃料氚的自持。与ITER装置相比,CFETR燃料氚的循环量更大(每小时千克级)。对于如此大的氚循环量,CFETR氚工厂相关涉氚部件的氚渗透将更为严重,结构材料表面和体相中的氚驻留量也将显著增加。

因此,基于聚变堆中氚自持循环、结构材料安全性以及放射性氚安全防护的多重需求,CFETR氚工厂系统和真空室部件的管道,以及组件表面,应尽量采用阻氚涂层,从而尽可能降低氚的渗入驻留、渗出损失及放射性危害,实现CFETR的安全、稳定运行。

1.6 聚变堆对阻氚涂层的要求

聚变堆涉氚部件表面的阻氚涂层必须符合聚变堆氚增殖包层及氚工厂涉氚部件的总体设计要求,在保证聚变堆涉氚部件设计功能得以实现的前提下,考虑涂层的可行性和经济性。结合聚变堆氚增殖包层及氚工厂涉氚部件的结构特点、使用目的和服役环境,阻氚涂层需满足以下要求:①高的氚渗透降低因子(TPRF);②制备工艺能适应复杂结构部件;③抗热冲击性好;④具有自修复能力;⑤低活性且耐辐照;⑥与氚、锂(尤其是液态Li-Pb)相容。

目前,有关阻氚涂层的性能指标没有统一标准,欧洲阻氚涂层工作小组根据ITER的运行环境与阻氚涂层研究进展提出:350℃,气相中PRF>1000,液态Li-Pb中PRF>100;而在TBM条件下,气相中PRF>100,液态Li-Pb中PRF>10[27]。

在中国TBM氚系统DDD报告中,分别对涉氚系统中包容液态Li-Pb中氚及气态氚的结构部件表面阻氚涂层的PRF分别规定为10和100。

针对CFETR的需求,在《中国聚变堆材料发展路线图》中,阻氚涂层的具体部署要求分为以下阶段[28]。

第一阶段("十三五"时期):完成大型、复杂、异形件表面涂层稳定化制备工艺研发,500℃下综合氢同位素气体,PRF>100;偏滤器/第一壁部件阻氚概念研究及制备工艺预研。

第二阶段(CFETR 一期前):完成阻氚涂层材料制备体系的氚相容性等工程化考核(500℃/PRF>1000),形成涉氚操作结构件表面涂层制备的工艺标准;优选出偏滤器/第一壁阻氚涂层材料及制备工艺。到2020年,500℃下气相TPRF>1000。

第三阶段(CFETR 二期前):在一期实际工况下,完成不同类别阻氚涂层材料的考核,优化制备工艺和标准,在CFETR 二期进行验证。到2030年,500℃下气相TPRF>10000。

第四阶段(原型电站前):确定阻氚涂层材料性能满足原型电站运行条件,形成可靠、稳定、工业规模生产能力。

1.7 阻氚涂层性能的评价方法

阻氚性能、高温稳定性、电绝缘性、抗腐蚀性、耐辐照性和氚相容性等性能指标是阻氚涂层的工程化设计、性能及服役行为评估的关键依据。

1.7.1 阻氚性能

根据菲克(Fick)定律,需在获得阻氚涂层中氢同位素的表观渗透率的基础上,通过基体氢渗透率与有涂层基体氢渗透率的比值,即PRF,评价涂层的阻氚性能,并开展涂层阻滞氢渗透的机制研究。

1. 材料中氢扩散渗透原理

氢同位素气体分子首先在涂层材料表面形成吸附层。氢同位素原子进入材料内部依赖于氢在涂层表面的覆盖度,覆盖度很低时,氢同位素在吸附能相对较大的位置上的吸附会限制它的移动;当覆盖度很高时,氢同位素原子的活化能克服涂层表面吸附的束缚,在涂层内部扩散。从热力学角度来看,氢同位素在涂层中的扩散是由于在涂层晶格中当氢同位素原子的热振动能大于扩散激活能时,氢同位素原子在间隙位之间的跃迁,氢同位素原子一旦扩散到空洞或涂层表面,便结合成氢同位素分子释出。从本质上看,氢同位素扩散是在化学势梯度驱动下的定向运动。

氢同位素原子在涂层中的扩散随着温度的不同有不同的机理:在极低温度下,氢同位素原子离域化,它的扩散会受到声子和晶格缺陷散射的限制;在稍高温度下,氢同位素原子在定域中由于隧穿进行间隙位扩散;在较高温度下,是在活化能作用下的经典扩散机制;在更高温度下,氢同位素原子处于高能态时,如菲克稠密气体和液体中的扩散,此时氢同位素原子在涂层中的扩散为经典扩散机制,以菲克第一、第二定律为基础。

概括来讲,氢同位素在涂层中的扩散行为如下:氢同位素分子先吸附在涂层表面,然后氢同位素分子解离成氢同位素原子进入涂层,通过间隙位进行体扩散,扩散至涂层表面时会重新结合成分子释放出来。

当体扩散是渗透控制步骤时,渗透通量 $J(\text{mol/s})$ 符合菲克第一定律:

$$J=\frac{D\sigma}{d}(C_{\text{in}}-C_{\text{out}}) \tag{1.2}$$

式中：D 为扩散系数（m^2/s）；σ 为渗透面积（m^2）；d 为膜厚度（m）；C_{in}、C_{out} 分别为入口和出口端涂层表面的体积氢同位素浓度（mol/m^3）。

理想状况下，氢同位素气体分压与浓度 C 的关系应符合西沃特（Sievert）定律：

$$C = SP^{1/2} \tag{1.3}$$

式中：S 为溶解度常数（$mol/(m^3 \cdot Pa^{1/2})$）；P 为气相氢压力（Pa）。

将式（1.3）代入式（1.2），可得

$$J = \frac{SD\sigma}{d}(P_{in}^{1/2} - P_{out}^{1/2}) = \frac{\Phi\sigma}{d}(P_{in}^{1/2} - P_{out}^{1/2}) \tag{1.4}$$

式中：P_{in} 为渗入端氢同位素气体分压（Pa）；P_{out} 为渗出端氢同位素气体分压（可视为 0）；Φ 为氢同位素在涂层材料中的渗透率（$mol \cdot m^{-1} \cdot s^{-1} \cdot Pa^{-1/2}$）。

据式（1.4）可知，$\Phi = SD$。一般地，渗透率是温度的函数，可表示为

$$\Phi = \Phi_0 \cdot \exp[-E_\Phi/(RT)] \tag{1.5}$$

式中：Φ_0 为渗透率常数；E_Φ 为渗透活化能（kJ/mol）；R 为理想气体常数（$J/(mol \cdot K)$）；T 为气体渗透温度（K）。

需要注意的是，如果体扩散不是渗透控制步骤，则渗透率会受制于氢同位素在表面的吸附与解离速率等因素，因为氢同位素在涂层中的溶解没有达到平衡，式（1.3）不成立，则式（1.5）也不成立。

氘氚在涂层中的渗透扩散还满足菲克第二定律：

$$D\frac{\partial^2 C}{\partial x^2} = \frac{\partial C}{\partial t} \tag{1.6}$$

$t = 0$ 时，$C = 0, 0 \leq x \leq d$

$t > 0$ 时，$C = 0, x = 0$（渗出真空端）

$t > 0$ 时，$C = C_0, x = d$（气体渗入端）

为求出平衡渗透前任意时刻的渗透通量，可在上述初始、边界条件下用分离变量法求出式（1.6）关于时间 t 的解析解：

$$J_t = \frac{C_0 D}{d}\left\{1 + 2\sum_{n=1}^{\infty}(-1)^n \exp\left[-D\left(\frac{n\pi}{d}\right)^2 t\right]\right\} \tag{1.7}$$

式中：C_0 为渗入端表面的固定氢同位素浓度。

在任意 t 时刻，J_t 与平衡渗透通量 J_∞ 之比为

$$\frac{J_t}{J_\infty} = 1 + 2\sum_{n=1}^{\infty}(-1)^n \exp\left[-D\left(\frac{n\pi}{d}\right)^2 t\right] \tag{1.8}$$

可以通过 $\dfrac{J_t}{J_\infty}$ 和 t 的曲线图求出扩散系数 D，但太过复杂，为此可以采取以下方法。渗透量 Q 和扩散系数 D 有以下关系：

$$Q = \int_0^t D\frac{\partial C}{\partial x}\bigg|_{x=0} dt = \frac{C_{in}Dt}{d} - \frac{C_{in}d}{6} + \frac{2C_{in}d}{\pi^2}\sum_{n=1}^{\infty}\frac{(-1)^n}{n}\exp\left[-\left(\frac{n\pi}{d}\right)^2 Dt\right] \tag{1.9}$$

其中

$$\sum_{n=1}^{\infty} \frac{(-1)^n}{n^2} = -\frac{\pi^2}{12}$$

$$Q = \frac{C_{in}Dt}{d} - \frac{C_{in}d}{6} = \frac{C_{in}D}{d}\left(t_L - \frac{d^2}{6D}\right) \tag{1.10}$$

渗透量 Q 与时间 t 的曲线有一渐近线,此渐近线与时间轴的交点为 t_L。此时,J_t 与 J_∞ 的比值为 0.617,该比值对应的渗透时间就定义为滞后时间 t_L(也可以通过 J_t 与 J_∞ 之间的比值为 0.5 时所对应的滞后时间 t_L 得出扩散系数 D,原理相似),则有

$$t_L = d^2/(6D) \tag{1.11}$$

式中:t_L 为滞后时间。

如果测得 t_L,就可以根据式(1.11)得出扩散系数 D,如图 1.5 所示。

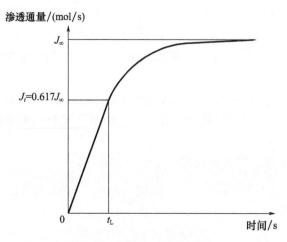

图 1.5 扩散系数计算示意图

通常扩散系数与温度的关系与渗透率类似,有如下形式:

$$D = D_0 \exp[-E_D/(RT)] \tag{1.12}$$

根据 $\Phi = SD$,可得

$$S = \Phi/D \tag{1.13}$$

由式(1.13)可见,溶解度也是温度的函数:

$$S = S_0 \exp[-E_S/(RT)] \tag{1.14}$$

在式(1.12)和式(1.14)中,E_D、E_S 分别为扩散、溶解的活化能,D_0、S_0 分别为扩散系数常数、溶解度常数。通过实验得出渗透率、扩散系数与温度的关系,可拟合出对应的指前因子和活化能。

氢同位素在金属中的渗透率和扩散系数存在着同位素效应,经典迁移速率理论认为原子跃迁频率与氢同位素相对原子质量的平方根成反比,而活化能与氢同位素的相对原子质量无关,即应遵循以下关系:

$$\Phi_H : \Phi_D : \Phi_T = 1 : \frac{1}{\sqrt{2}} : \frac{1}{\sqrt{3}} \tag{1.15}$$

$$D_H : D_D : D_T = 1 : \frac{1}{\sqrt{2}} : \frac{1}{\sqrt{3}} \tag{1.16}$$

式中：Φ_H、Φ_D、Φ_T 分别为氢、氘、氚在同一金属中的渗透率；D_H、D_D、D_T 分别为氢、氘、氚在同一金属中的扩散系数。

2. 阻氚涂层的氢渗透模型

针对阻氚涂层中氢同位素的渗透过程，目前主要基于菲克定律归纳出复合层渗透、面积缺陷渗透和表面控制渗透等三种模型[20-21,29]，如图1.6所示。

（1）复合层渗透模型：氢同位素通过具有阻氚涂层的结构材料时，由于涂层与基体材料的氢渗透率差异显著，导致氢在涂层中的渗透决定了涂层/基体系统的氢渗透过程。

（2）面积缺陷渗透模型：阻氚涂层完全不能渗透时，氢同位素只能通过阻氚涂层内少量裂纹或者其他缺陷迁移到基体附近从而实现渗透。

（3）表面控制渗透模型：阻氚涂层下游氢原子复合过程或上游氢分子解离决定了涂层/基体系统中的整个氢渗透过程。

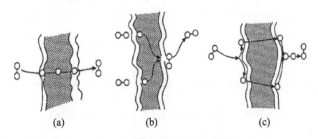

图1.6 阻氚涂层中氢渗透模型
(a)复合层渗透模型；(b)面积缺陷渗透模型；(c)表面控制渗透模型。

通常，采用比较氢渗透激活能、氢渗透通量与压力的指数关系（$J \propto p^n$）或阻氚涂层渗透前后微观结构的变化的方法来判断为何种模型。可以看出，阻氚涂层对氢同位素渗透的阻滞作用源于涂层材料的表面效应或体相效应。由此可见，阻氚涂层的性能由涂层完整性和涂层材料与氢相互作用决定，这实际上涉及材料制备、氢与材料相互作用这两个基本材料科学问题。其中，材料制备主要涉及特定结构材料的制备及其结构、性能表征；氢与材料相互作用主要涉及材料表面氢吸附与解吸，氢在材料中的扩散行为及氢致材料损伤等问题。

3. 氚渗透率降低因子测试方法

材料中氢同位素渗透率的研究方法包括电化学法、热解吸法和气相渗透法等。其中，气相渗透法由于测量精度高成为评价涂层的阻氚渗透性能的首选方法。在图1.7所示的

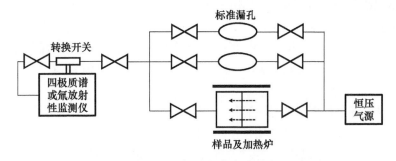

图1.7 阻氚涂层中氢同位素渗透测量的原理图

氢同位素渗透测量系统上,在阻氚涂层样品的一侧(高压端)暴露在一定压强的 H_2、D_2 或 T_2 中,氢同位素原子通过渗透进入样品的另一侧(低压端)表面重组成分子形态并析出。在低压端,通过四极质谱(电离室或氦检漏仪)在线检测氢同位素渗透通量随时间的变化情况,直到达到稳态渗透的渗透通量 J_∞。改变测试的温度,重复上述测量过程,可获得不同温度下的渗透通量。根据基体、有阻氚涂层基体的表观氚渗透率(Φ)计算 PRF,从而评价涂层的阻氚性能。

在渗透测试中,对于规则的小样品一般采用图 1.8 所示的渗透盒连接到渗透测量系统上。膜片的一侧(高压端)暴露在一定压强的 $H_2(D_2、T_2)$ 中,$H_2(D_2、T_2)$ 通过渗透进入膜片的另一侧(低压端,已标定体积),通过气压计测量其压强的升高获得 $H_2(D_2、T_2)$ 的渗透通量 J。

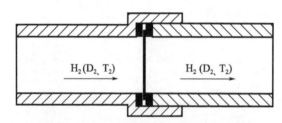

图 1.8　小样品渗透盒工装的结构示意图

对反应容器、管道等结构件样品,则采用仿形包套渗透方法,即根据待测容器样品结构特点,设计的结构类似渗透反应器,如图 1.9 所示。反应器两侧高压、低压端分别与充 $H_2(D_2、T_2)$ 系统,以及四极质谱仪、氦检漏仪或电离室等系统相连。

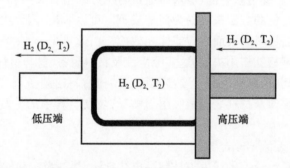

图 1.9　结构件样品渗透盒工装的结构示意图(以容器为例)

4. 阻氚涂层阻滞氢渗透可能的作用机理

阻氚涂层的三种氢渗透模型(图 1.6)未能揭示表面或体相中何种微观结构起主要的阻滞作用。但是,从氢渗透测试结果、氚在不锈钢中行为以及碳化物阻滞氢渗透的作用机理来看,可初步归纳出吸附位竞争、缺陷增强扩散和基团阻滞等三种可能的作用机理[29]。

(1) 吸附位竞争作用机理:虽然氢在不锈钢表面有强烈的吸附趋势,但由于碳、氮、氧等负电性元素与过渡金属的结合比氢强,因此在不与氢反应的条件下,它们会优先占据氢的吸附位,还会占据边界、凸缘、位错等位置,从而阻碍氢的吸附。由此可以推断,不锈钢表面覆盖氧化物或碳化物后可能会引起氢吸附率或黏附概率下降,从而阻滞氢的渗透。

(2) 缺陷增强扩散作用机理:多缺陷涂层的 PRF 甚至会低于 10,而均匀、高质量涂层的 PRF 可达 1000 以上,这说明缺陷是氢渗透的主要通道。由此可见,尽管金属表面的氧会阻碍氢的吸附,但氢可以借助缺陷吸附和侵入,甚至直接透过,从而减弱涂层阻滞氢渗透的能力。

(3) 基团阻滞作用机理:因为氢在碳化物中呈离子状态,且氢迁移过程中需克服较高的能垒破坏 C—H 键,所以碳化物中的氢渗透率较低。此外,SiC 中缺陷态的 C^- 或 Si^- 悬键也会与氢结合成强化学键,造成氢陷阱,从而阻滞氢的渗透。由此可以推断,由于涂层中某些基团形成氢陷阱,从而阻滞氢的渗透。

1.7.2 抗热冲击性能

涂层在温度骤变的条件下抵抗破坏的能力称为涂层的抗热冲击性能,又称为抗热震性。它与涂层的本征结构、显微结构、力学性能及热物理性能密切相关。因此,抗热震性是涂层物理性能、力学性能以及结构特性的综合评价指标。涂层的热震破坏首先发生在涂层与金属的界面上。造成涂层热震损坏主要是由于基体与涂层材料间的热膨胀系数存在差异,在冷热变化过程中产生不一致的体积变化,导致内部应力的产生。热膨胀系数的差异越大,产生的应力也就越大。在反复热循环过程中,应力的作用不断增强。当局部应力超过涂层材料的强度极限时,便产生裂纹并不断扩展,直至涂层脱落。

参考《热喷涂陶瓷涂层技术条件》(JB/T 7703—95),将试样放入处于涂层工作温度(如 500℃)的加热炉中进行抗热震实验,每次保温一定时间,取出置入约室温的水中进行淬火冷却,然后反复循环。每次均将试样取出,观察涂层是否有明显的开裂及脱落现象,并视情况开展阻氚性能测试。如果没有开裂、脱落及性能下降,则采用同样的方法对试样进行循环冷热冲击,并记录冲击次数,从而获得阻氚涂层的抗热震次数。

1.7.3 耐辐照性能

由于阻氚涂层在聚变堆中同样要经受 14.1MeV 高剂量中子辐照,其辐照损伤和产生的大量嬗变子体 H/He 将直接改变涂层的微观结构,给阻氚性能带来严重影响。聚变堆材料辐照损伤是由原子离位损伤和 H/He 协同作用产生的,DEMO 堆结构材料在辐照损伤为 150dpa(原子平均离位)时,将同时受到 He 原子浓度为 0.15%、H 原子浓度为 0.675% 的作用。CFETR 的一期工程验证阶段材料辐照离位损伤累计值约为 10dpa、二期示范验证阶段材料辐照离位损伤累计值约为 50dpa,未来 DEMO 堆中材料辐照离位损伤累计值将高达 150dpa[28]。然而,现有反应堆中子源产生的离位损伤率都较低,达到高 dpa 损伤的辐照要很长时间。例如,热堆中子辐照的年离位损伤率一般低于 10dpa,快堆一般不超过 30dpa。要达到 100~200dpa 的辐照损伤值,用热堆需要 10~20 年,用快堆需要 3~7 年。而且,中子辐照会使材料活化而产生很强的放射性,中子辐照后需要经过很长时间冷却或在热室中进行检测。

离子与中子辐照结果存在差异,两者并不能直接等价,需校验和建立中子与离子辐照的等效性,相关研究已开展几十年并且仍在进行中。两者对比实验表明,通过精确地调控离子辐照条件,离子辐照可以产生类似中子辐照导致的损伤和微观结构变化。美国材料测试学会(ASTM)在 ASTM E521 发布了带电粒子辐照模拟中子辐照损伤的技术标准,将离子辐照方法作为一种标准方法[30]。国际原子能机构(International Atomic Energy Agency,IAEA)也极力推广加速器离子辐照模拟方法,为了先进核能系统结构材料的发展,组织了一系列离子辐照模拟合作研究项目。因此,离子束辐照模拟已成为目前核能材料快速筛选与评价的主要手段。

1.7.4 液态 Li-Pb 相容性

液态金属对涂层材料的腐蚀行为主要是由界面上液相和固相材料热力学不平衡所致。研究涂层材料热腐蚀机理或评定材料抗腐蚀性能时通常情况下都会采用加热实验的方法,即将材料浸泡于液态金属中进行热腐蚀实验,通过控制实验参数(主要包括温度、气氛、压力、流速、时间等参数)研究不同实验条件对腐蚀的影响,最后综合运用多种微观分析手段对腐蚀实验后的样品进行形貌、物相、成分表征,分析、探索材料在液态金属中的腐蚀机制。对于均匀腐蚀类型的金属材料,可以根据失重分析其腐蚀速率,评定其腐蚀等级。

目前,国际上开展的材料在液态金属中的浸泡腐蚀实验装置类型主要有静态腐蚀实验装置、旋转腐蚀实验装置,以及液态金属回路实验装置等。

1.7.5 电绝缘性能

绝缘涂层是解决液态氚增殖剂包层磁流体动力学压降(magnetohydrodynamic,MHD)的一种有效方法。因此,在液态氚增殖剂包层服役条件下,对阻氚涂层有电绝缘要求,即涂层的电阻率与厚度乘积大于 $100\Omega \cdot cm^{2[4]}$。

涂层电绝缘性能测试一般采用宽频介电谱仪测量。在 $500 \sim 600°C$ 和 $1 \times 10^2 \sim 1 \times 10^7 Hz$ 条件下,测量涂层的体积电阻、电阻率和介电损耗。

1.7.6 氚相容性

凡是与氚接触的材料都不可避免地受到氚衰变 β 射线(平均能量 5.7keV)的辐射,这种辐照诱导多种自由基参与的辐射化学反应和衰变子体 He-3 可对材料的结构和性能产生影响。因此,需要深入了解阻氚涂层中氚、氘和氢的物理机制及其协同作用,阐明阻氚涂层的成分、物相、表面/界面形貌、厚度、结合力、致密性、氢同位素及 He-3 的含量和深度分布等在氚老化期间的演化规律,探究其相关机制,确定所选材料在氚使役环境下的长期稳定性,即氚相容性,以评估、预测聚变堆中结构部件的长期可靠性。

通常采用理论模拟和实验测量相结合的方法研究氚及衰变 He-3 在阻氚涂层组成材料中的吸附、输运、驻留行为以及氚/氦对阻氚涂层成分、物相、结构和性能的影响规律,即采用氚扩散-衰变的理论模型进行输运行为计算,并从原子、分子尺度研究氚及衰变 He-3 的占位、演化及与成分、结构的相互制约机制,合理解释实验观测结果。实测氚在材料表面的吸附量以及氚/He-3 在材料中的深度分布、主要存在形态及向外渗透的速率,与根据实测扩散常数并采用扩散模型计算的氚深度分布结果进行比较,考察氚的宏观吸附、渗透及驻留行为。实测高温充氚后不同氚老化时间贮存后材料的成分、物相、微观组织结构和阻氚性能,分析氚衰变 He-3 的影响规律及机制,结合 He-3 对氚占位、吸附、输运等行为的影响规律,评价阻氚涂层中的氚/氦协同效应及相关机制。

参 考 文 献

[1] 邱励俭. 聚变能及其应用[M]. 北京:科学出版社,2008.
[2] 弗英德贝格. 等离子体物理与聚变能[M]. 王文浩,译. 北京:科学出版社,2010.
[3] CRISTESCU I R,CRISTESCU I,DOERR L,et al. Tritium inventories and tritium safety design principles for the fuel cycle of ITER[J]. Nucl. Fusion,2007,47(7):S458-S463.
[4] HUANG Q,BALUC N,DAI Y,et a1. Recent progress of R&D activities on reduced activation ferritic/martensitic steels[J]. J. Nucl. Mater. ,2013,442(1-3):3-8.
[5] 蒋国强,罗德礼,陆光达,等. 氚与氚的工程技术[M]. 北京:国防工业出版社,2007.
[6] TANABE T. Tritium fuel cycle in ITER and DEMO:issues in handling large amount of fuel[J]. J. Nucl. Mater. ,2013,438:S19-S26.
[7] WONG C P C,CHERNOV V,KIMURA A. ITER-Test blanket module functional materials[J]. J. Nucl. Mater. ,2007,367-370(Part B):1287-1292.
[8] CHEN C A,ZHOU X,WANG Z,et al. Assessment of tritium release through permeation and natural leakage in ITER CN HCCB TBS under normal operations[J]. Fusion Sci. Tech. ,2018,73(1):34-42.
[9] 丁厚昌,黄锦华,盛光昭,等. 聚变能 21 世纪的新能源[M]. 北京:原子能出版社,1998.
[10] 严龙文. 托卡马克等离子体约束[R]. 成都:核聚变与等离子体物理暑期讲习班会议,2007.
[11] 彭先觉. 氚科学与技术——机遇与挑战[R]. 北京:香山科学会议,2017.
[12] AURES A,PACKER L W,ZHENG S. Tritium self-sufficiency of HCPB blanket modules for DEMO considering time-varying neutron flux spectra and material compositions[J]. Fusion Eng. Des. ,2013,88(9-10):2436-2439.
[13] REYES S,ANKLAM T,BABINEAU D,et al. LIFE Tritium processing:a sustainable solution for closing the fusion fuel cycle[J]. Fusion Science and Technology,2013,64(2):187-193.
[14] International Atomic Energy Agency. ITER EDA document series 24[M]. Vienna:IAEA,2002.
[15] 冯开明. 可控核聚变与国际热核实验堆(ITER)计划[J]. 中国核电,2009,3(3):212-219.
[16] WU Y,FDS Team. Conceptual design and testing strategy of a dual functional lithium lead Test Blanket Module in ITER and EAST[J]. Nucl. Fusion,2007,47(11):1533-1539.
[17] FENG K M. Overview of design and R&D of solid breeder TBM in China[J]. Fusion Eng. Des. ,2008,83(7-9):1149-1156.
[18] WAN Y X. Consideration of the missions of CFTER[R]. Hefei:2nd Workshop on MFE development strategy in China,2012.
[19] LI J,WAN Y X,WAN B N,et al. Strategy for Chinese MFE [R]. Princeton:International Workshop on MFE Roadmapping in the ITER Era,2011.
[20] 山常起,吕延晓. 氚与防氚渗透材料[M]. 北京:原子能出版社,2005.
[21] 王佩璇,宋家树. 材料中的氦及氚渗透[M]. 北京:国防工业出版社,2002.
[22] SHIGERU O,ISOBE K,SUZUKI T,et al. Beta induced reaction study on T_2-CO system[J]. Fusion Eng. Des. ,2000,49-50(3):905-910.
[23] 唐涛. 聚变堆结构材料氢问题及表面阻氚涂层研究进展[R]. 长沙:第五届核聚变堆材料论坛,2018.
[24] MUROGA T,CHEN J M,CHERNOV V,et al. Present status of vanadium alloys for fusion applications[J]. J. Nucl. Mater. ,2014,455(1-3):263-268.

[25] MUROGA T, GASPAROTTO M, ZINKLE S J. Overview of materials research for fusion reactors[J]. Fusion Eng. Des. ,2002,61-62:13-25.

[26] 张桂凯,向鑫,杨飞龙,等. 我国聚变堆结构材料表面阻氚涂层的研究进展[J]. 核化学与放射化学,2015,37(5):118-128.

[27] PERUJO A, FORCEY K S. Tritium permeation barriers for fusion technology[J]. Fusion Eng. Des. ,1995,28(1-2):252-257.

[28] 王宇钢. 中国聚变堆材料发展路线图[R]. 长沙:第五届核聚变堆材料论坛,2018.

[29] 常华,陶杰,骆心怡,等. 不锈钢表面阻氚渗透涂层研究现状及进展[J]. 机械工程材料,2007,31(2):1-4.

[30] ANON A. Standard Practice for Neutron Radiation Damage Simulation by Charged-Particle Irradiation: ASTM E521-16[S]. PA:West Conshohocken,1996.

第 2 章 阻氚涂层材料的基本性质

材料的晶体结构、熔点、密度、热稳定性、氢渗透率、热导率及抗腐蚀性等基本物理与化学性质是其基本性能的决定因素,是阻氚涂层材料设计及选择的基础依据。

阻氚涂层材料分为玻璃、金属和陶瓷三类。玻璃能使氚渗透率降低为原来的 1/10~1/100,但耐受性差,经不起热胀冷缩。某些金属(如锆、钼和金)也有较低的氚渗透率,但与不锈钢相比氚渗透率减小效果不明显。陶瓷较金属涂层更为有效,具有更低的氚渗透率、高强度及耐高温等性能(图 2.1)[1]。可以看出,碳化物及氧化物等陶瓷的本征渗透率比不锈钢低 10 个数量级以上。因此,阻氚涂层材料应首选陶瓷及其复合材料。

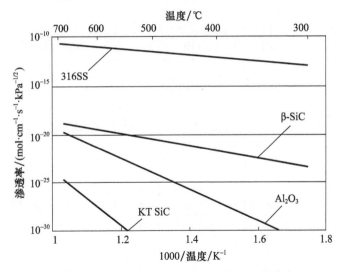

图 2.1　不同材料的氚渗透率随温度的变化曲线

2.1　氧化物阻氚涂层材料

金属氧化物是一种良好的陶瓷功能体,既具有阻氚渗透功能,又具有抗腐蚀功能。金属氧化物主要包括 BeO、Cr_2O_3、Al_2O_3、Y_2O_3、Er_2O_3、TiO_2、SiO_2、Yb_2O_3 和 Dy_2O_3 等。

Al_2O_3、Er_2O_3、Y_2O_3 等氧化物具有良好的热力学稳定性[2],标准生成自由能如图 2.2 所示。由图可以看到,典型氧化物的稳定性前后顺序依次为 Cr_2O_3、TiO_2、Al_2O_3、Er_2O_3、Y_2O_3。

典型氧化物的热膨胀系数如图 2.3 所示[3]。由图可以看出,金属基体与氧化物间热胀系数的显著差异易引起热失配而导致涂层脱落。需通过形成中间过渡层加以缓解,中间过渡层材料则应尽量与基体和涂层有较好的匹配性。

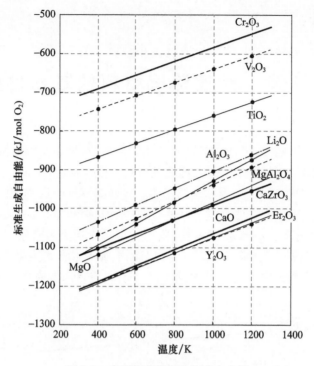

图 2.2 常用氧化物标准生成自由能

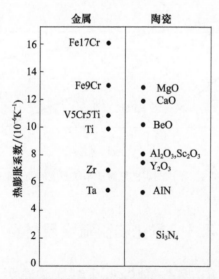

图 2.3 多种金属材料及氧化物材料的热膨胀系数(600℃)

2.1.1 Al$_2$O$_3$

氧化铝(Al$_2$O$_3$)有多种异构体,包括热力学亚稳的 γ 相、δ 相、η 相、θ 相和 λ 相等和热力学稳定的 α 相[4-5]。其中,结晶形态有 α-Al$_2$O$_3$、γ-Al$_2$O$_3$ 和 β-Al$_2$O$_3$ 三种。根据 O 原子的排列方式,Al$_2$O$_3$ 可分为 O 原子面心立方(fcc)排列和六方密堆积(hcp)排列两大类,其中 O 原子呈 fcc 排列的 Al$_2$O$_3$ 均为亚稳相,包括 γ 相、δ 相、η 相、θ 相和 λ

相;O 原子呈 hcp 排列的则有 κ 相、χ 相等亚稳 Al_2O_3 和稳定相 α-Al_2O_3。其中，α-Al_2O_3 结构最紧密、最稳定，而 γ-Al_2O_3 结构松散。α-Al_2O_3 和 γ-Al_2O_3 的物理性能如表 2.1 所列。

表 2.1 氧化物阻氚涂层材料的相关物理性能

材料类型	熔点/℃	密度/(g·cm^{-3})	线膨胀系数/(10^{-6}K^{-1})	晶体结构
α-Al_2O_3	2050	3.99	8.3	hcp
γ-Al_2O_3	—	3.2	8.8	fcc
Cr_2O_3	2435	5.21	9.6~9.7	hcp
Er_2O_3	2387	8.64	—	hcp
Y_2O_3	2439	4.50	8.0	bcc
BeO	2350	3.01	8.9	fcc

α-Al_2O_3 是结构最致密的金刚石结构，通常称为刚玉，具有很高的硬度。α-Al_2O_3 为 hcp 晶体结构，可用六方或三方结构表示。六方结构包含 6 个 Al_2O_3 分子，共 30 个离子；三方结构每个晶胞含有 2 个 α-Al_2O_3 分子，共 10 个离子。六方结构 α-Al_2O_3 中 O^{2-} 的排列近似层状六方紧密堆积。O^{2-} 层序按 ABAB…方式排列，每六层重复一次。O^{2-} 填充八面体间隙，Al^{3+} 填充 2/3 的八面体间隙，如图 2.4 所示。亚稳 Al_2O_3 在一定条件下会发生相变，相变的路径与起始相有关。所有亚稳相相变的终点均为 α-Al_2O_3，但其相变温度需在 1000℃ 以上。

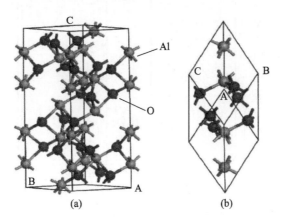

图 2.4 α-Al_2O_3 的晶体结构
(a)六方晶胞；(b)菱形单胞。

与单原子材料相比，α-Al_2O_3 表面结构因各晶面的原子终止方式而相对复杂。α-Al_2O_3(0001) 表面有 3 种终止方式，α-Al_2O_3($1\bar{1}02$) 表面和 α-Al_2O_3($11\bar{2}0$) 表面有 5 种终止方式(图 2.5)。α-Al_2O_3(0001) 表面相对稳定，仅当温度大于 1100℃ 时，其表面原子结构才发生转变。弛豫时，表层 Al 朝体相方向会发生 48%~93%(实验值为 35%~51%)的显著位移；多数研究认为，以单层 Al 原子方式终止的 α-Al_2O_3(0001) 表面相对稳定，并在实验中得到确认，但发现 Al_2O_3 超薄膜以 O 原子层方式终止，还有以 Al、O 原子混合方

式终止的 α-Al_2O_3 表面,其原因通常归于表面环境差异,例如氢、水会使 O 原子层方式终止面稳定。α-Al_2O_3($1\bar{1}02$)表面和 α-Al_2O_3($11\bar{2}0$)表面等高密勒指数表面主要用于碳纳米管研究,相关研究较少。

沿[0001]晶向切割 α-Al_2O_3(0001)表面,其剖面结构如图 2.5(a)所示,图中大圆圈代表 O 原子,小灰色圆代表 Al 原子。可以看到,α-Al_2O_3(0001)表面的终止有 3 种方式:①1 个 Al 原子组成的 Al 原子层(Al-Ⅰ);②3 个 O 原子组成的 O 原子层(O-Ⅰ);③2 个 Al 原子组成的 Al 原子层(Al-Ⅱ)。如此(Al-Ⅰ、O-Ⅰ、Al-Ⅱ)…依次重复构成不同厚度的 α-Al_2O_3(0001)表面。

在[$\bar{1}101$]晶向切割 α-Al_2O_3($1\bar{1}02$)面,其剖面结构如图 2.5(b)所示。α-Al_2O_3($1\bar{1}02$)表面有 5 种终止方式:①2 个 O 原子组成的 O 原子层(O-Ⅰ);②3 个 Al 原子组成的 Al 原子层(Al-Ⅰ);③2 个 O 原子组成的 O 原子层(O-Ⅱ);④3 个 Al 原子组成的 Al 原子层(Al-Ⅱ);⑤2 个 O 原子组成的 O 原子层(O-Ⅲ)。(O-Ⅰ、Al-Ⅰ、O-Ⅱ、Al-Ⅱ、O-Ⅲ)…依次重复构成不同厚度的 α-Al_2O_3($1\bar{1}02$)表面。

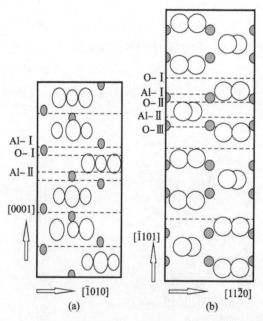

图 2.5　α-Al_2O_3(0001)表面及 α-Al_2O_3($1\bar{1}02$)表面结构示意图

(a)α-Al_2O_3(0001)表面;(b)α-Al_2O_3($1\bar{1}02$)表面。

○—O 原子,●—Al 原子。

按图 2.5 所示的方式截取获得 α-Al_2O_3(0001)表面和 α-Al_2O_3($1\bar{1}02$)表面的表面能如表 2.2 所列。可以看到,以 Al-Ⅰ方式终止的 α-Al_2O_3(0001)表面相对稳定。比较 α-Al_2O_3(0001)表面和 α-Al_2O_3($1\bar{1}02$)表面的实验值与计算值,可以看到,α-Al_2O_3($1\bar{1}02$)表面的 O-Ⅰ稳定性仍不如 α-Al_2O_3(0001)表面的 Al-Ⅰ稳定性。因此,α-Al_2O_3(0001)表面的 Al-Ⅰ应是实验中观测的 α-Al_2O_3 表面。

表 2.2　α-Al_2O_3 不同表面的表面能量　　　　　单位:J/m^2

表面	截止方式	理论值		实验值
		GGA/PW91	GGA/PBE	
Al_2O_3(0001)	Al-Ⅰ	1.53	1.58~1.65	1.00
	O-Ⅰ	6.05	2.46	
	Al-Ⅱ	6.15	4.46	
Al_2O_3($1\bar{1}02$)	O-Ⅰ	1.65	2.04	1.05
	Al-Ⅰ	6.50	2.70	
	O-Ⅱ	3.79	2.70	
	Al-Ⅱ	3.66	2.36	
	O-Ⅲ	3.75	2.12	

γ 相和 θ 相是常见的亚稳 Al_2O_3 相,通常可在 600~800℃下制得,但会与液态 Li-Pb 合金发生化学反应导致涂层失效[6]。γ-Al_2O_3 属尖晶石型(立方)结构,O 原子形成立方密堆积,Al 原子填充在间隙中,如图 2.6 所示。由于 γ-Al_2O_3 是松散结构,它的密度小,且在高温下不稳定,故性能不如 α-Al_2O_3。γ-Al_2O_3 存在(100)、(110C)、(110D)三种低指数晶面,(110C)晶面和(110D)晶面约占总面积的 83%,(100)晶面占总面积的 17%。

Al_2O_3 五种相的阻氚渗透效果各有不同。其中,α-Al_2O_3 不管是在气相还是在液态 Li-Pb 合金中,氚渗透率都最低,除了拥有高 PRF 外,因其具有高耐磨性、高熔点、高化学稳定性及高温力学性能等特点,成为阻氚涂层的首选材料。然而,α-Al_2O_3 相形核和生长所需的高温(通常大于 1000℃[7])环境将引起基体材料力学性能严重下降,同时高温制备使涂层易产生热应力、热裂纹及粗晶等影响涂层质量。因此,如何降低相变温度,或在较低温度下获得 α-Al_2O_3,是 Al_2O_3 在阻氚涂层应用中的关键技术问题。

2.1.2　Cr_2O_3

氧化铬(Cr_2O_3)作为高温下 Cr 的热力学唯一稳定的氧化物,具有硬度高、熔点高、抗磨蚀能力强、抗高温性能好、与基体结合力强、脆性低及内应力较小等优点。Cr_2O_3 为 hcp 晶体结构,在八面体间隙中,一个 Cr^{3+} 被六个 O^{2-} 包围,如图 2.7 所示。其中,O^{2-} 占据密排六方结构各点阵的位置,Cr^{3+} 则位于密排六方结构的八面体间隙位置。Cr^{3+} 和 O^{2-} 的半径分别为 0.69Å 和 1.32Å,正负离子半径比为 0.52,晶格参数分别为 4.960Å、13.584Å,轴比为 4.473[8]。Cr_2O_3 的物理性能见表 2.1。

从材料结构角度看,由于 Cr_2O_3 的泊松比(2.02)较 γ-Al_2O_3 的泊松比(1.31)大,当 Cr-Al 金属氧化时,巨大的晶格应变可能促进 γ-Al_2O_3 向稳定的 α-Al_2O_3 转变[9],为在相对温和条件下 α-Al_2O_3 的制备提供了思路。

2.1.3　Er_2O_3

氧化铒(Er_2O_3)作为典型的稀土金属氧化物,具有三种晶型,分别为立方相(c-Er_2O_3)、单斜相(m-Er_2O_3)和六方相(h-Er_2O_3)。其中,常压下立方相最为稳定,而单斜相为亚稳态相[10-11]。立方结构 Er_2O_3 的晶格常数为 1.05nm,晶体结构和物理性能如图 2.8 所示、如表 2.1 所列。亚稳态的单斜结构 Er_2O_3 比立方结构 Er_2O_3 具有更强的耐中子辐照损伤能力。

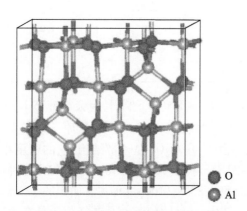

图 2.6　γ-Al_2O_3 的晶体结构(见彩插)

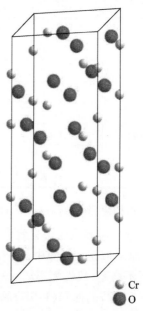

图 2.7　Cr_2O_3 的晶体结构(见彩插)

Er_2O_3 具有良好的绝缘性、高温热力学稳定性(2300℃以下晶型不会发生任何改变)、抗中子辐照能力强及与液态 Li-Pb 合金相容性好等特点,是液态氚增殖包层首选的阻氚涂层材料。

2.1.4　Y_2O_3

氧化钇(Y_2O_3)属于一种典型的倍半氧化物(Re_2O_3),通常有三种晶体类型,分别为立方相(c-Y_2O_3)、六方相(h-Y_2O_3)和单斜相(m-Y_2O_3),但在 2000℃以下是稳定的立方相结构[12]。一个体心立方相 Y_2O_3 晶胞中的 32 个 Y^{3+} 格点都能被三价稀土离子所替换,Y^{3+} 有高对称和低对称两种格位,分别以灰色和红棕色三棱锥标示于图 2.9 中。高对称 Y

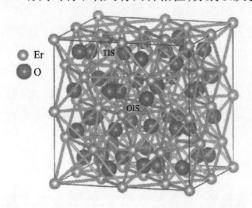

图 2.8　立方结构 Er_2O_3 的晶体结构(见彩插)

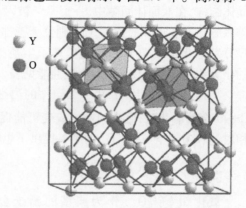

图 2.9　六方相 Y_2O_3 的晶体结构(见彩插)

原子的周围 6 个等同 Y—O 键的键长为 2.261Å,低对称格位中 Y—O 键的键长不等,分别为 2.249Å、2.278Å 和 2.336Å。Y_2O_3 的物理性能如表 2.1 所列,具有高熔点、高热导率及化学稳定性好等优点。

Y_2O_3 拥有与 CaO 接近的自由能(图 2.2),且中子辐照条件下的电绝缘性较好,但在强还原性的液态 Li、Li-Pb 环境中很容易失去 O^{2-},与 Li 结合生成更为稳定的 $LiYO_2$[4]。

2.1.5 其他氧化物阻氚涂层材料

氧化铍(BeO)为闪锌矿结构,具有 fcc 点阵,正离子只填充四面体间隙的一半。BeO 的阻氚性能优于 Al_2O_3,但 Be 有毒,很少使用。

TiO_2、SiO_2 主要与其他材料复合起来作为复合涂层使用。TiO_2 一般分为锐钛矿型(Anatase,简称 A 型)和金红石型(Rutile,简称 R 型)。TiO_2 具有半导体的性质,其电导率随温度的上升而迅速增加,而且对缺氧也非常敏感。TiO_2 熔点与其纯度有关。R 型 TiO_2 的熔点为 1850℃。二氧化硅(SiO_2)又称为硅石,在自然界中存在结晶和无定形两种形态,结晶态又分为石英、鳞石英和方石英三种。

Yb_2O_3 和 Dy_2O_3 中氢的溶解度和扩散系数与 Er_2O_3 接近,有望作为新的阻氚涂层候选材料[13]。

2.2 非氧化物阻氚涂层材料

非氧化物阻氚涂层材料有 TiC、TiN、SiC、Si_3N_4、AlN 及热解碳等[14-15]。其中,由于 Ti 原子序数低,TiC、TiN 及其复合涂层面对等离子体轰击时,其溅射产额仍保持很低,同时还具有陶瓷的优良性能,因而在聚变堆包层材料研究中受到关注。单质 Si 可与 C、N 等化合形成 SiC、Si_3N_4 等共价硅化物,这些化合物通常具备良好的抗氧化性,克服了钛化物抗氧化性差的不足。AlN 则具有高稳定性、高电阻率、抗辐照性能优异及耐液态金属腐蚀等特点。

非氧化物阻氚涂层材料的物理性能如表 2.3 所列。

表 2.3 非氧化物阻氚涂层材料的相关物理性能

材料类型	熔点/℃	密度/(g·cm^{-3})	线膨胀系数/(10^{-6}K^{-1})	晶体结构
β-SiC	2700	3.21	—	fcc
TiC	3140	4.93	7.74	fcc
TiN	2950	5.43~5.44	9.35	fcc
Si_3N_4	1900	3.44	2.8~3.2	hcp
AlN	3800	3.261	4.6	hcp

2.2.1 SiC

SiC 晶体结构分为六方或菱面体的 α-SiC 和立方体的 β-SiC,其基本结构为由四个 Si

原子形成的四面体包围一个 C 原子组成。按相同的方式,一个 Si 原子也被四个碳原子的四面体包围,属于密堆积结构。若把这些多形体看作是由六方密堆积的 Si 层组成,紧靠着 Si 原子有一层 C 原子存在,在密排面上 Si—C 双原子层有三种不同的堆垛位置,分别以 A、B 和 C 表示。由于 Si—C 双原子层的堆垛顺序不同,就会形成不同结构的 SiC 晶体。如图 2.10 所示,ABC…堆积形成 3C—SiC 结构,ABAC…堆积形成 4H—SiC 结构,ABCACB…堆积形成 6H—SiC 结构。α-SiC 由于其晶体结构中 C 原子和 Si 原子的堆垛序列不同而构成许多不同变体,目前已发现 70 余种。α-SiC 为最常见的同质异构体,具有六方晶体结构。β-SiC 为立方晶体结构,与钻石相似。β-SiC 在 2100℃ 以上时将转变为 α-SiC。SiC 坚硬、难熔、耐化学腐蚀,其物理性能如表 2.3 所列。

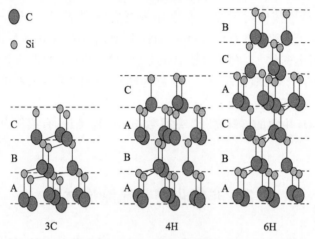

图 2.10　SiC 的晶体结构
3C—立方晶体结构;4H—六方晶体结构;6H—菱形晶体结构。

2.2.2　TiC

TiC 是一种具有金属光泽的铁灰色晶体,具有 NaCl 型简单立方结构,由 C 原子填充于密堆积金属晶格间隙中形成,又称为间充型碳化物,如图 2.11 所列。晶格位置上 C 原子与 Ti 原子是等价的,晶格常数为 0.4329nm,其物理性能如表 2.3 所列。

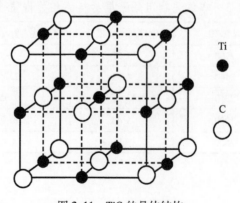

图 2.11　TiC 的晶体结构

TiC 晶体中存在金属键、离子键及共价键等三种化学键,因其原子间以很强的共价键结合,故具有高熔点、高沸点和高硬度(仅次于金刚石)等类似金属的若干特性,还具有良好的导热性、导电性及抗化学侵蚀性。

2.2.3 TiN

TiN 是非化学计量化合物,其稳定的相组成范围为 $TiN_{0.37} \sim TiN_{1.16}$,N 的含量可以在一定的范围内变化而不引起 TiN 结构的变化。TiN 具有与 TiC 相似的晶体结构,属于面心立方点阵,只是将其中的 C 原子置换成 N 原子,Ti 原子位于面心立方的顶角,晶格常数为 4.241Å。

TiN 晶体呈金黄色,其物理性能如表 2.3 所列,莫氏硬度为 8~9 级,抗热冲击性好,熔点比大多数过渡金属氮化物高,而密度却比大多数金属氮化物低。

2.2.4 Si_3N_4

Si_3N_4 是高温难溶化合物,抗高温蠕变能力强,为原子晶体,具有空间立体网状结构,每个 Si 原子和周围四个 N 原子共用电子对,每个 N 原子和周围三个 Si 原子共用电子对,存在 α、β 和 γ 三种结晶结构,如图 2.12 所示。其中,α 相和 β 相是 Si_3N_4 最常见的晶型,且可在常压下制备。γ 相只在高压及高温下合成。

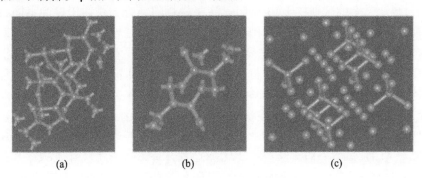

图 2.12 Si_3N_4 的晶体结构
(a)三方 α-Si_3N_4;(b)六方 β-Si_3N_4;(c)立方 γ-Si_3N_4。

Si_3N_4 的物理性能如表 2.3 所列,莫氏硬度为 9~9.5 级,维氏硬度约为 2200HV,显微硬度为 32630MPa,热导率为 2~155W/(m·K),弹性模量为 28420~46060MPa,电阻率为 $10^{15} \sim 10^{16} \Omega \cdot cm$。

2.2.5 AlN

AlN 具有稳定性高、电阻率高、抗辐照性能优异及制备成本低廉等特点,呈白色或灰白色,为共价键化合物,属六方晶系,具六角密排晶格结构(图 2.13),其物理性能如表 2.3 所列。

AlN 最高可稳定到 2200℃,室温强度高,且强度随温度的升高而缓慢下降。AlN 导热性好,且热膨胀系数小,是良好的抗热冲击材料。

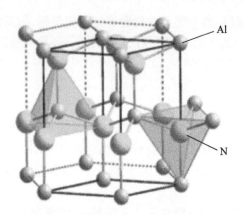

图 2.13　AlN 的晶体结构(见彩插)

2.3　复合阻氚涂层材料

复合阻氚涂层材料通常可以分为功能复合阻氚涂层材料和组合阻氚涂层材料两大类[14]。功能复合阻氚涂层材料由不同材质的材料共同构筑具有防氚渗透效果的复合材料。组合阻氚涂层材料是将两种或两种以上的材料根据使用特点和结构特点组合起来加以使用的材料。二者的区别在于,组合阻氚涂层材料的结合方式在于仅为不同材料简单配置与拼装;功能复合阻氚涂层材料则是将不同材料通过一定的制备工艺达到两种材料界面的密切结合(如冶金结合),而非简单的叠合,是一种技术内涵更为深刻的组合阻氚涂层材料。因此,功能复合阻氚涂层材料是目前阻氚涂层的首选,以获得综合性能优良的复合阻氚涂层材料,解决单一涂层材料阻氚效果尚未达到理想目标的问题。

目前,ITER 各参与国主要基于层状结构复合涂层材料的设计原理,通过与电沉积、热浸铝、包埋渗铝、真空等离子喷涂、化学气相沉积、溶胶-凝胶法和激光辅助燃烧等技术的联用,开展了 Al_2O_3 基复合阻氚涂层材料、Cr_2O_3 基复合阻氚涂层材料、Er_2O_3 基复合阻氚涂层材料和 Ti 基复合阻氚涂层材料的设计及制备工艺研究,在提高涂层的完整性、避免工艺缺陷形成氢通道、提高阻氚性能及抗液态 Li-Pb 腐蚀等方面取得了效果。但是复合阻氚涂层的层间热应力以及涂层/基体界面的热应力匹配问题仍未解决,严重影响了复合阻氚涂层的抗热冲击性能。更为严重的是,有些涂层不具备自修复功能,因此涂层的寿命仍然较短。此外,还存在有些制备工艺因无法处理形状复杂结构件而难以推广应用的问题,以及众多阻氚涂层材料的研发主要以氢模拟氚作为主要考核依据而未评价实际氚的相容性等问题。相关研究进展在第 5 章介绍。

参 考 文 献

[1] HOLLENBERG G W. Tritium/hydrogen barrier development[J]. Fusion Eng. Des. ,1995,28(1-2):190-208.
[2] MUROGA T,PINT B A. Progress in the development of insulator coating for liquid lithium blankets[J]. Fusion Eng. Des. ,2010,85(7-9):1301-1306.

[3] 张高伟,韩文妥,万发荣. Li/V 包层 MHD 绝缘涂层的研究现状与展望[J]. 稀有金属材料与工程,2019,48(1):348-356.
[4] 张敏. α-Al_2O_3/Al-Cr 合金涂层的低温制备及相关机理研究[D]. 杭州:浙江大学,2015.
[5] LEVIN I,BRANDO D. Metastable alumina polymorphs:crystal structures and transition sequences[J]. J. Am. Ceram. Soc.,1998,81(8):1995-2012.
[6] 王湛. 等离子渗法低温制备 α-Al_2O_3 薄膜及其性能研究[D]. 南京:南京航空航天大学,2013.
[7] RUPPI S. Deposition,Microstructure and properties of texture-controlled CVD α-Al_2O_3 coatings[J]. Int. J. Refract. Met. Hard Mater.,2005,23(4-6):306-316.
[8] 高强. 316L 不锈钢表面 Cr_2O_3 涂层的制备及其性能研究[D]. 南京:南京航空航天大学,2009.
[9] ANDERSSON J M,WALLIN E,HELMERSSON U,et al. Phase control of Al_2O_3 thin films grown at low temperatures[J]. Thin Solid Films,2006,513(1-2):57-59.
[10] 李华伟. 阻氚涂层用氧化粉体的湿化学方法制备与研究[D]. 成都:电子科技大学,2010.
[11] 陈辉. Er_2O_3 防氚渗透涂层的制备及组织结构研究[D]. 武汉:华中科技大学,2010.
[12] 欧诒典. 氧化钇中辐照缺陷形成及稳定性的第一性原理研究[D]. 北京:清华大学,2011.
[13] KAHLID H M,HASHIZUME K,JAWAGUCHI S J K. Tritium dissolution behavior in rare earth oxides[R]. Busan:12th international conference on tritium science and technology,2019.
[14] 山常起,吕延晓. 氚与防氚渗透材料[M]. 北京:原子能出版社,2005.
[15] 王佩璇,宋家树. 材料中的氦及氚渗透[M]. 北京:国防工业出版社,2002.

第3章 氧化物阻氚涂层的制备及性能

氧化物阻氚涂层具有熔点高、化学性质稳定、制备工艺相对简单及阻氚性能良好等优点,是研究最早的阻氚渗透涂层之一,主要包括 Cr_2O_3、Y_2O_3、Er_2O_3、Al_2O_3、BeO、TiO_2 和 SiO_2 等几种。随着研究的逐步深入,涂层材料类型从最初的多元化(硅化物、氧化物及碳化物等)发展到目前以氧化物涂层为主,且涂层工艺在不断优化和更新[1],研究内容涉及氧化物涂层的制备及性能、氢行为、氢致材料损伤及氚相容性等。其中,Al_2O_3 和 Er_2O_3 阻氚涂层的研究较为系统。

阻氚涂层的制备技术分为两类:第一类是基体材料原位氧化技术,利用基体材料自身的化学性质使其表面发生氧化,形成的氧化物作为阻氚涂层;第二类是基体表面涂层沉积技术,利用化学或物理方法在基体表面制备涂层作为阻氚涂层。氧化物涂层性能的表征及评估包括PRF、热稳定性、电绝缘性、与液态增殖剂/氚的相容性、辐照稳定性以及使用寿命等。

3.1 Al_2O_3 阻氚涂层的制备及性能

Al_2O_3 阻氚涂层的实际PRF远大于其他材料(表3.1),是目前阻氚性能最好的涂层材料,因而成为欧盟、中国和印度的固态增殖包层首选的阻氚涂层材料。其直接制备法有气相沉积法、溶胶-凝胶法、热喷涂法、金属有机物分解法等。间接制备法有热氧化法,其通过对含Al合金或表面层进行氧化获得,其适用范围广、易工程化。

表3.1 常用氧化物阻氚涂层的阻氚性能

阻氚涂层材料类型	基体材料	PRF
Al_2O_3[1-7]	316L,铁素体或马氏体钢	100~10000
SiO_2、TiO_2[2-3]	316L,马氏体钢	10~100
Cr_2O_3、Cr_2O_3-SiO_2-$CrPO_4$[2,8-9]	316L,铁素体或马氏体钢	100~3000
Er_2O_3、Y_2O_3、Al-Cr-O[3,10-12]	马氏体钢	10~600

3.1.1 物理气相沉积法

物理气相沉积(PVD)法是用物理方法将源物质转移到气相中,在衬底表面上沉积固态薄膜的一种方法,包括真空蒸发、溅射、离子镀等。然而,PVD技术均镀性差,难以在复杂形状表面成膜,且薄膜与基底的结合力很差,容易脱落,因此主要见于阻氚涂层的早期研究中,应用相对较少。

Serra 等[13]采用闭场非平衡磁控溅射在 MANET Ⅱ 钢表面沉积了 1.5μm 厚的 Al_2O_3 涂层(图 3.1),在 300~500℃的氢渗透降低因子(HPRF)可达 10^4 量级。郝嘉琨等[5]综合考察了 316L 不锈钢基底上磁控溅射 Al_2O_3 涂层的抗氧化、抗热冲击和阻氚渗透等特性,333~500℃范围内 Al_2O_3 涂层在气相中的 TPRF 为 $10^4 \sim 10^6$。

3.1.2 化学气相沉积法

化学气相沉积(CVD)法是通过将某些混合气体加热到一定温度下,使其中的某些成分分解后与基体表面相互作用,并在基体表面形成涂层的一种方法。该方法是美国 DCLL TBM 中阻氚涂层推荐的制备方法[14]。制备的 Al_2O_3 涂层与基体结合较好(图 3.2),在气相中 TPRF 达到 1000,但在 480℃液态 Li-Pb 合金中涂层的腐蚀较为明显,主要原因是表面形成的亚稳 $\gamma\text{-}Al_2O_3$ 涂层易与 Li-Pb 合金发生反应($Al_2O_3+2LiPb \longrightarrow 2LiAlO_2$),导致涂层性能下降[15]。

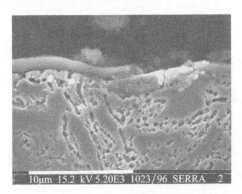

图 3.1 在 MANET Ⅱ 钢表面用 PVD 法
制备 Al_2O_3 涂层的截面形貌

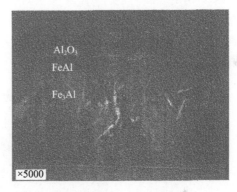

图 3.2 DIN1.4914 钢表面
用 CVD 法沉积 Al_2O_3 的截面形貌

常规 CVD 技术的沉积温度较高,极易导致基底材料组织的再结晶与生长,引起工件力学性能、形状和尺寸的改变,且涂层中存在热应力,导致涂层容易脱落。为此,开发了等离子体增强化学气相沉积(PECVD)、低压化学气相沉积(LPCVD)、金属有机化学气相沉积(MOCVD)和流化床化学气相沉积(CVD-FBR)等多种先进的 CVD 技术,在较低温度下沉积出优质涂层。

以三异丁基铝(TIBA)或乙酰丙酮铝($Al(C_5H_7O_2)_3$)为前驱体,利用 MOCVD 技术,通过对气体组分(He 或 H_2)、沉积温度、沉积时间、反应源温度和热处理温度等工艺参数的研究,可在钢基底上沉积获得 Al_2O_3 涂层。法国 Causey 等[2]用 MOCVD 技术在 DIN1.4914 钢表面形成了 Al_2O_3 膜,只要外层 Al_2O_3 的厚度达到微米级,则所制涂层的 HPRF 可达 $10^3 \sim 10^4$(图 3.3)。国内李帅等[16]采用水汽通入的方式解决了 Al_2O_3 涂层中 C 残留的问题。

3.1.3 溶胶-凝胶法

溶胶-凝胶(sol-gel)法用易于水解的金属醇盐或无机盐在一定条件下进行水解-缩聚反应生成溶胶-凝胶,将胶状物涂覆在金属基体表面,再经热处理后形成涂层。

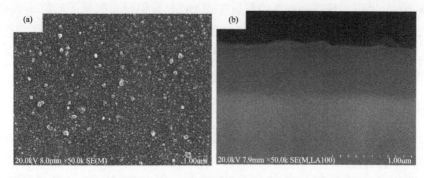

图 3.3 DIN1.4914 钢表面用 MOCVD 法沉积的 Al_2O_3 涂层的表面形貌及截面形貌

(a)表面形貌;(b)截面形貌。

以异丙醇铝为前驱物、水为溶剂、硝酸为胶溶剂,Ueki 等[17]采用溶胶-凝胶法在 SUS304 不锈钢表面制备的 Al_2O_3 涂层具有凹凸型表面,且与基底的结合为物理结合,故结合力相对较弱,典型截面形貌如图 3.4 所示。后期热处理过程中,Al_2O_3 涂层的晶体结构随热处理温度而改变,500℃时涂层为无定形结构,650℃时为 $\gamma-Al_2O_3$,当温度升高到 1100℃时,才转化为 $\alpha-Al_2O_3$[18]。

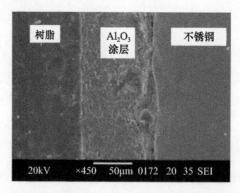

图 3.4 溶胶-凝胶法制备 Al_2O_3 涂层的典型截面形貌

3.1.4 等离子体喷涂法

等离子体喷涂(PS)法以高温等离子体作为热源将材料熔化制备涂层,分为真空等离子体喷涂(VPS)、大气等离子体喷涂(APS)及低压等离子体喷涂(LPPS)等。

利用 VPS 法在 10^{-4} Pa、950℃喷涂镀 Al 后,经 10^{-2} Pa、950℃热处理,在 MANET 钢表面制备的 Al_2O_3 涂层在气相中的 HPRF 大于 1000,且与液态 Li-Pb 表现出良好的相容性[19]。但涂层主要为变形粒子相互交错呈波浪式堆叠在一起的层状组织结构,厚度分布不够均匀且较脆,易产生分层及裂缝现象,孔隙率高。目前,相应的制备工艺尚处于实验研究阶段,有待工艺优化,特别是后处理技术的改进。

3.1.5 热氧化法

热氧化法是依据选择性氧化原理,使富铝合金表面选择性氧化形成 Al_2O_3 膜。一般采用热浸铝(HDA)、包埋渗铝(PC)、VPS 和离子液体(又称室温熔盐)电沉积铝(ECA)等方法结合热处理技术在基体表面由外到内形成铝含量 38%~80%(质量分数)的铝基金属间化合物(如 FeAl、FeAl$_2$、Fe$_2$Al$_5$ 等)后,再经热氧化在铝基合金层表面形成 Al$_2$O$_3$ 层(图 3.5)[20],或如橡树岭国家实验室采用含 Al 钢基体(Fe-20%(原子分数)Cr-10.6Al-0.7O-0.4Ti-0.2Y)通过原位热氧化生成 Al$_2$O$_3$ 膜(图 3.6)[14]。

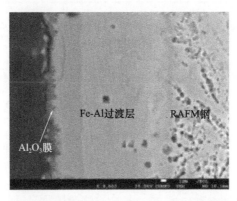

图 3.5 富铝层表面热氧化法制备 Al$_2$O$_3$ 涂层的典型截面形貌

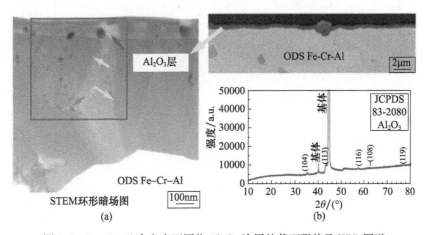

图 3.6 Fe-Cr-Al 合金表面原位 Al$_2$O$_3$ 涂层的截面形貌及 XRD 图谱
(a)截面形貌;(b)XRD 图谱。

所制备涂层在气相中的 TPRF 可达 10^3,甚至上万(表 3.1),这既有 Fe-Al 合金的贡献,又有 Al$_2$O$_3$ 的贡献。但与氧化物材料 Al$_2$O$_3$ 相比,氚及其同位素在金属材料 Fe-Al 合金中更加容易扩散[3],这意味着 Al$_2$O$_3$ 膜是决定以 Fe-Al 合金为过渡层的 Al$_2$O$_3$ 阻氚涂层最终服役行为的关键所在。因此,需通过对 Fe-Al 合金的氧化热力学行为、动力学行为、氧化机制、基体合金成分以及 Al$_2$O$_3$ 相结构影响等的系统研究,获得 Al$_2$O$_3$ 膜最佳形成工艺及相关机制。

1. Fe-Al 合金及涂层的氧化热力学行为

合金发生氧化反应,氧化物的物理特性决定了反应速率,热力学驱动力决定了反应发生在哪个阶段。图 3.7 所示为 Ellingham/Richardson 氧势图,从氧势图可直接得到在特定温度及氧分压下发生氧化反应的吉布斯自由能 ΔG^{θ} 值。比较氧化物稳定性,可以直观地得到氧化反应的择优趋势。

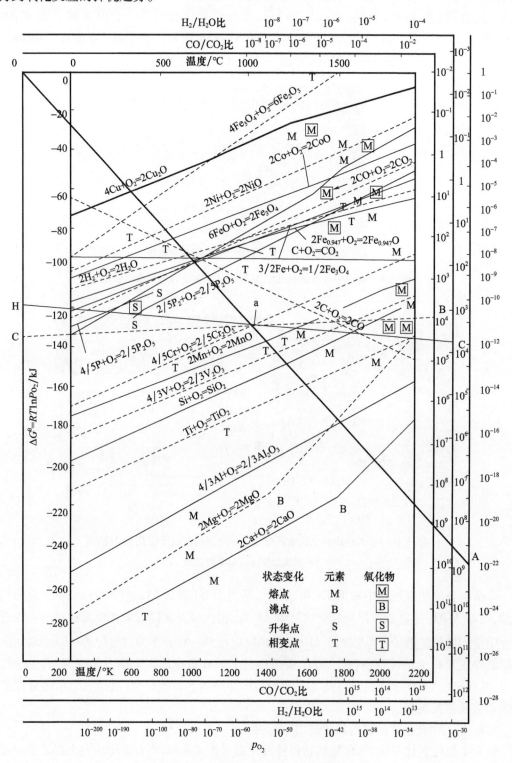

图 3.7 Ellingham/Richardson 氧势图

从图 3.7 中可以看出,在 1000℃ 时,Al_2O_3 的分解压远低于 Fe 和 Cr 的氧化物,这表明在低的氧分压下 Cr_2O_3、Fe_2O_3 形成被抑制,而 Al_2O_3 择优生成。由表 3.2 列举出的 Al、Cr 和 Fe 氧化物的吉布斯自由能 $\Delta G^\theta(298.15K)$ 也可以得出,氧化物形成先后顺序依次为 Al_2O_3、Cr_2O_3、Fe_2O_3[21]。

表 3.2 Al_2O_3、Cr_2O_3、Fe_2O_3 的 ΔG^θ 值

氧化物	Al_2O_3	Cr_2O_3	Fe_2O_3
$\Delta G^\theta(298.15K)/(kJ/(mol·K))$	−1576.41	−1129.68	−741

合金高温氧化时,当合金组元氧化物热力学稳定性相差较大,合金中较活泼组元浓度足够高时,合金表面选择性形成活泼组元的氧化膜,即合金发生选择性氧化。理论计算表明,在纯氧、900℃ 条件下,形成保护性 Al_2O_3 的最低 Al 浓度为 0.27%(原子分数)。但实际实验结果表明,临界 Al 浓度的计算值远远低于合金所需的实际 Al 浓度[22]。Fe-Al 合金在不同温度下氧化产物与合金成分的关系如图 3.8 所示[23]。Fe-Al 合金表面氧化物分为铁氧化物(同时发生 Al 的内氧化)、Fe 和 Al 的混合氧化物以及铝氧化物。可以看到,对于 Al 含量处于不同氧化模式边界附近的 Fe-Al 合金,提高温度有利于 Al_2O_3 的形成。二元 Fe-Al 合金的 Al 含量必须达到 16%(原子分数)以上才能形成比较理想的保护性 Al_2O_3 膜。

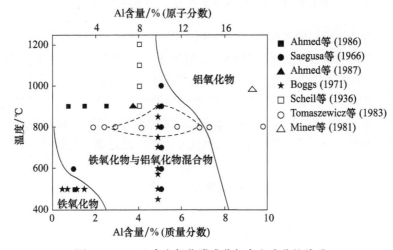

图 3.8 Fe-Al 合金氧化膜成分与合金成分的关系
实心符号表示氧气中氧化;空心符号表示空气中氧化。

在聚变堆涉氚工程系统中,基体材料大多为 FeCr 基钢,渗铝后 Fe-Al 过渡层中常含有一定量的 Cr 元素,因此 Fe-Al 体系演变为 Fe-Cr-Al 体系。Fe-Cr-Al 体系的氧化相图如图 3.9 所示,发生 Al 内氧化的区域 Ⅱ 其 Al 含量低于 2%(质量分数),Cr 含量低于 15%(质量分数);而只有当 Al 含量大于 8%(质量分数)时才会选择性氧化生成 Al_2O_3。同时,还可看出 Cr 含量的提高能降低合金体系形成 Al_2O_3 膜的临界 Al 浓度。Cr 在这里的作用通常称为第三组元效应[24],即通过添加第三组元元素可以降低 Fe-Al 合金表面形成完整 Al_2O_3 膜所需的 Al 含量。Window 等[25]指出,当 Al 含量处于较适宜范围时,必须含有足够的 Cr 才能保证 Fe-Cr-Al 合金表面形成致密的 Al_2O_3 膜。另外,将 Cr 含量固

定在一个相对较低的水平,随着 Al 含量的增加,表面氧化膜由 FeO_x 逐渐转化为 Fe、Al 的混合氧化膜之后再转化为 Al_2O_3 膜[26]。因此,Fe-Al 涂层氧化过程需控制一定的 Cr 含量和较高的 Al 含量,这样才能在 Fe-Al 涂层表面形成纯的 Al_2O_3 膜。

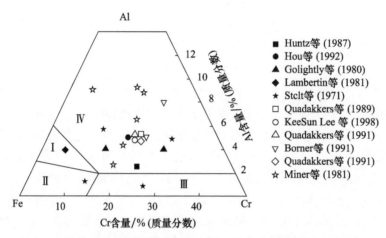

图 3.9 Fe-Cr-Al 合金在 1000℃ 氧化时氧化膜成分与合金成分的关系
实心符号表示氧气中氧化;空心符号表示空气中氧化。
Ⅰ—铁铝混合氧化物;Ⅱ—铁氧化物;Ⅲ—铬氧化物;Ⅳ—铝氧化物。

2. Fe-Al 合金及涂层的氧化动力学行为

Ellingham/Richardson 氧势图仅反映了在温度及氧分压条件下,氧化膜能否生成,而它的一个重要缺点是没有考虑化学反应的动力学因素。研究恒温动力学曲线可以得到氧化过程的速度限制、氧化膜的保护性以及过程中的能量变化等。通过对各种合金氧化动力学曲线的测量,总结出图 3.10 所示的直线型、抛物线型、立方型和对数型几类氧化曲线。大量研究表明,Fe-Al、Fe-Cr-Al 体系氧化动力学曲线遵循抛物线关系:

$$x^2 = k_p t \tag{3.1}$$

式中:x 为氧化膜厚度;t 为氧化时间;k_p 为抛物线速率常数。

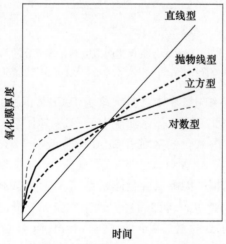

图 3.10 典型的氧化动力学曲线

但在实际氧化膜中存在大量的晶界、位错等缺陷,导致实际观察到的曲线更为复杂。例如,Fe-10Al、Fe-5Cr-10Al、Fe-10Cr-10Al 在 900℃的典型氧化行为如图 3.11 所示。其中,Fe-10Al 合金动力学在 1h 前遵循抛物线规律,之后近似符合直线型;Fe-5Cr-10Al 合金则是在前 2h 内遵循直线规律,之后氧化速率下降,由直线规律转变为抛物线规律;Fe-10Cr-10Al 合金则呈现两段式抛物线,且后一段的速率常数小于第一段的速率常数[27]。

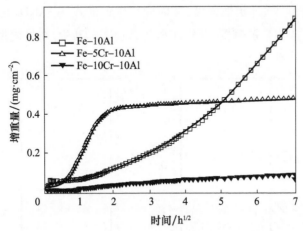

图 3.11 Fe-Cr-Al 体系在 900℃,0.1MPa 氧气中的氧化动力学

Fe-Al 合金的氧化过程分为三个阶段[28-30]:①氧化初期,升温过程中 Fe-Al 表面快速生成 α-Al_2O_3 与 θ-Al_2O_3,此时的氧化速率快速升高;②氧化中期,θ-Al_2O_3 是亚稳相,随着温度的升高和时间的延长,θ-Al_2O_3 逐渐向 α-Al_2O_3 转化,氧化速率达到峰值;③氧化后期,温度高于一定值后,只有 α-Al_2O_3 生成且生成的速率较慢,氧化速率开始降低,并且随着氧气的扩散逐渐减缓,直至氧化过程停止。在相同温度下各个相的氧化速率大小依次为 θ>γ>α,且氧分压越高,氧化速率越快,如图 3.12 所示。

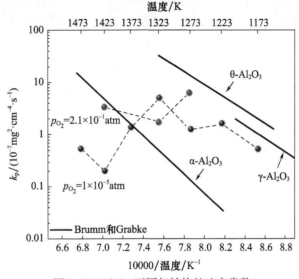

图 3.12 Al_2O_3 不同相结构的速率常数

1atm=1.01325×10^5Pa。

3. Al_2O_3 的形成机制

γ-Al_2O_3 和 α-Al_2O_3 形成是 O^{2-} 向内扩散和 Al^{3+} 向外扩散单独或者共同作用的结果,扩散速度差异造成不同的 Al_2O_3 晶型[31-33]。采用 ^{18}O 示踪技术发现,^{18}O 主要在合金/氧化膜界面和气相/氧化膜界面富集。由此可以看出,氧化膜的生长发生在界面处,如图 3.13 所示。结合二次中子/离子质谱表明,Fe-Al 合金表面 α-Al_2O_3 的形成机理为:O^{2-} 向内扩散速度>Al^{3+} 向外扩散速度,即内向型生长模式;γ-Al_2O_3 的形成机理为:Al^{3+} 向外扩散速度>O^{2-} 向内扩散速度,即外向型生长模式。其中,在外向型生长模式中,Al^{3+} 向外扩散以晶界扩散为主[33]。

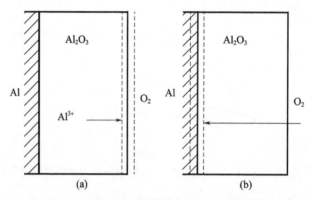

图 3.13 氧化过程中铝离子或氧离子的扩散形式

Al_2O_3 岛状生长后以横向铺展模式覆盖基体表面(图 3.14),从而获得致密的 Al_2O_3 膜。提高氧分压可以使 Al_2O_3 更快地由岛状聚集阶段转变为横向铺展阶段[34]。

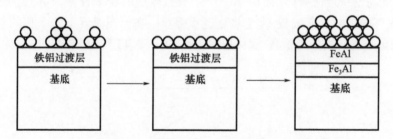

图 3.14 Fe-Al 涂层表面 Al_2O_3 的岛状生长模型

4. 基体元素对 Al_2O_3 膜形成的影响

在聚变堆涉氚系统中涉及 304、316L 及 321 等 300 系列奥氏体不锈钢,以及 Eurofer 97、CLAM 和 ODS 等铁素体或马氏体钢等钢基体。这些 FeCr 基钢的主要合金元素 Cr(7%~22%(质量分数))、Ni(0~15%(质量分数))和 Mn(0~9%(质量分数))等及其含量随钢牌号的不同有较大差异。在阻氚涂层形成过程(渗铝+选择氧化)中,除 Fe 元素外,在高温环境下钢基体材料中的其他合金元素也将参与涂层的热扩散渗铝和选择氧化过程。不同 Cr 钢基底表面 Fe-Al/Al_2O_3 复合阻氚涂层的形成过程及阻氚渗透性能证实了 Fe-Al/Al_2O_3 复合阻氚涂层中存在基底效应,并探讨了基底效应的来源及影响因素[35],详细内容将在第 5 章中介绍。

5. Al_2O_3 氧化膜类型与阻氚性能的关系

Al_2O_3 具有多个相结构(α、δ、γ、θ),各个相之间的转换关系如下所示:

$$\gamma\text{-}Al_2O_3 \xrightarrow{750℃} \delta\text{-}Al_2O_3 \xrightarrow{900℃} \theta\text{-}Al_2O_3 \xrightarrow{1000℃} \alpha\text{-}Al_2O_3$$

其中,研究较多的是 α 相、γ 相。亚稳态 θ 相、γ 相为针状结构,氧化膜在表面分布比较稀疏。相比之下,稳态 α 相为脊状,表面致密(图 3.15)[34]。$\alpha\text{-}Al_2O_3$ 的氚渗透降低因子(DPRF)在 10^3 以上,而 $\gamma\text{-}Al_2O_3$ 的 DPRF 仅为 40~70(图 3.16)[36]。因此,在 Al_2O_3 多个相结构中,$\alpha\text{-}Al_2O_3$ 是最期望得到的氧化膜相。

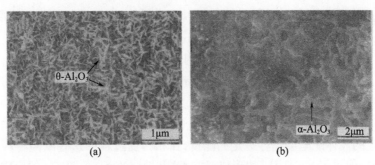

图 3.15 Al_2O_3 的典型形貌

(a)$\theta\text{-}Al_2O_3/\gamma\text{-}Al_2O_3$,针状;(b)$\alpha\text{-}Al_2O_3$,脊状。

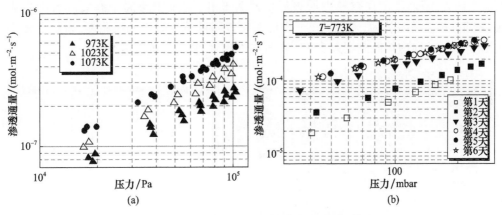

图 3.16 Al_2O_3 的氚渗透通量随压力的变化曲线

(a)$\alpha\text{-}Al_2O_3$;(b)$\gamma\text{-}Al_2O_3$。

3.1.6 α-Al_2O_3 的低温制备方法

α-Al_2O_3 是最期望得到的氧化膜相,但形成 α 相的温度高达 1000℃,过高的制备温度会对基体的性能及结构造成损伤,因此如何在低温下制备高质量的 α-Al_2O_3 是亟需解决的问题,目前主要通过添加合金元素法和离子轰击法制备。

1. 添加合金元素法

添加合金元素法(TEE 效应)即通过添加具有增加形核密度的元素使 α-Al_2O_3 快速

优先形成。从亚稳态相向稳态相 α 的转变属于晶格重建型转变,遵循形核-生长机制,而合金元素的引入增加了晶界密度,为 Al 原子和 O 原子提供了扩散通道。同时也提供了更多的形核位点,使得形核更加容易,宏观上表现为 α-Al_2O_3 相变温度的降低。

以 Cr_2O_3 为模板,在 400℃ 下成功制备出 α-Al_2O_3 膜,实现了飞跃性突破,这一温度甚至可以低至 280℃[37-40]。在氧化膜的形成过程中出现了 α-$(Al_xCr_{1-x})_2O_3$,因此将 Cr 降低 α-Al_2O_3 形成温度归因于 α-Al_2O_3 和 Cr_2O_3 具有同样的 HCP 结构,且二者晶格常数接近。在氧化初期,Cr 元素吸附 O 原子形成 Cr_2O_3,促进了 Al 原子的选择性氧化,形成 α-Al_2O_3;随后,由于晶格常数相近,Al 原子替代 Cr 原子形成 α-Al_2O_3[39]。然而,并非所有晶型的 Cr_2O_3 都具有形核作用,在特殊 $(10\bar{1}4)$ 表面的 α-Cr_2O_3 基片上能实现 α-Al_2O_3 的外延生长,而在 (0001) 表面上则很少发现 α 相的形成[40]。

Ti 和 Fe 也能作为 α-Al_2O_3 的异质形核剂,可以促进 θ-Al_2O_3 向 α-Al_2O_3 的转变[41]。加入具有催化效果的稀土元素(如 Y、Ce、Hf)同样能够促进 α-Al_2O_3 的生长[39,42-44]。

2. 离子轰击法

高能离子轰击法就是利用离子轰击产生的晶体缺陷促进 α-Al_2O_3 优先形成。离子轰击过程产生的晶体缺陷会储存一定的能量,在相转变过程中这些缺陷将释放能量抵消部分反应能垒,促进了 α-Al_2O_3 的形成;同时这些缺陷也为 α-Al_2O_3 的形成提供了形核位点,进一步加快了氧化膜的形成。

在 980℃、20min 热处理生成 θ 相后,Jamnapara 等[45]分别在空气中与等离子态氧气氛中回火,结果显示在空气中回火后仍然为 θ 相,而采用等离子态氧气氛则生成 α 相(图 3.17)。笔者认为,采用等离子态的氧可以降低氧在表面的吸附能,增加了表面的氧浓度,使 O^{2-} 向内扩散速度大于 Al^{3+} 向外扩散速度,从而形成了 α 相。

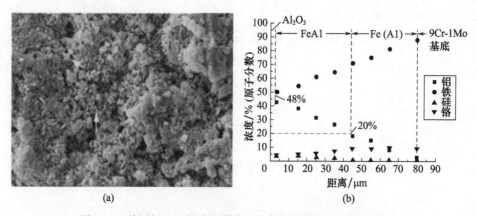

图 3.17　热浸铝 P91 钢表面等离子态氧气氛辅助回火法制备的 α-Al_2O_3 的表面形貌及截面 EDS 能谱

(a)表面形貌;(b)截面 EDS 能谱。

3.2　Cr_2O_3 阻氚涂层的制备及性能

Cr_2O_3 涂层具有高温热稳定性,可有效降低氢渗透,并与 α-Al_2O_3 有相似的晶体结构,尤其可以直接对钢基体进行原位氧化,因此受到关注。但其在高温氢环境下易发生还原反应。其制备技术有CVD、热氧化方法和双层辉光等离子渗法等。

3.2.1 化学气相沉积法

早期,中国工程物理研究院材料研究所在HR-1钢表面采用CVD法制备的Cr_2O_3涂层,在气相中的HPRF为300~800[46]。近几年,中国有色金属研究院以乙酰丙酮铬($Cr(C_5H_7O_2)_3$)为前驱体,H_2、水蒸气分别为载气、反应气体,在1.2~1.4kPa、500℃下,通过MOCVD法在316L不锈钢表面获得了具有(110)择优取向的纳米级厚的Cr_2O_3涂层,如图3.18所示。该涂层致密无明显裂纹,具有比亚稳相或非晶相更稳定的结构。由图3.19可以推导出,在550~700℃下该涂层的氚PRF为24~117[47]。然而,该涂层的DPRF随着涂层厚度的增加而下降,因此在制备中应严格控制涂层厚度。

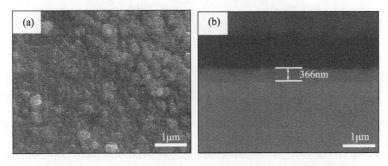

图3.18 MOCVD法制备的Cr_2O_3膜的表面形貌和截面形貌

(a)表面形貌;(b)截面形貌。

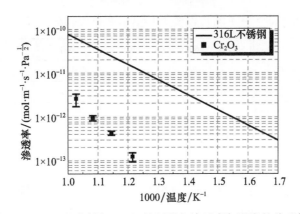

图3.19 MOCVD法制备Cr_2O_3涂层的氚渗透率与温度的关系曲线

3.2.2 热氧化法

华中科技大学采用"镀Cr-热氧化法"在钢表面制备了Cr_2O_3涂层。通过研究氧化温度对Cr_2O_3涂层的组织结构、形貌和性能的影响,发现在700℃下制备的Cr_2O_3涂层晶粒尺寸均匀(约1μm)、晶粒间结合紧密、孔隙较少;Cr_2O_3涂层与基材间有Cr过渡,使Cr_2O_3涂层与基材紧密结合,界面处无空洞、裂纹等缺陷;涂层抗热震可达300次,在600~700℃下气相中的DPRF为87~236[48]。

图 3.20 所示为在电流密度为 0.3A/cm²、氧化温度为 700℃时制备的 Cr_2O_3 涂层的截面形貌。可以看出,Cr_2O_3 涂层结构致密,组织及厚度均匀;涂层与基底的界面光滑平直、与基材结合良好。氧含量从涂层表面到基材逐渐减少,说明 Cr 的氧化是由外而内的,形成了钢基体/Cr/Cr_2O_3 梯度复合阻氚涂层。Cr 的热膨胀系数介于钢基体和 Cr_2O_3 之间,因此 Cr 层在受热膨胀中能起到良好的缓冲作用,从而使 Cr_2O_3 涂层具有较好的抗热冲击性能。

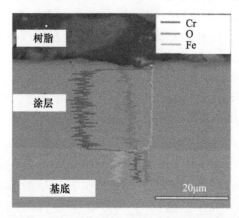

图 3.20 电流密度为 0.3A/cm²、氧化温度为 700℃时制备的 Cr_2O_3 涂层截面形貌(见彩插)

Cr_2O_3 涂层的抗热冲击性也随着涂层氧化温度的升高先增强后减弱(表 3.3)。600℃下涂层经过 76 次冷热冲击后,涂层表面、边缘出现起皮现象;700℃下经过 150 次冷热冲击后,涂层表面完整,未出现明显剥落现象;但 800℃下经过冷热冲击 58 次后,涂层出现剥落。

表 3.3 不同氧化温度下 Cr_2O_3 涂层的抗热冲击次数

氧化温度/℃	600	700	800
裂纹开始出现次数	76	150	58
超过面积 10%剥落次数	178	>300	234

3.2.3 双层辉光等离子渗法

以高纯 Cr 靶作为源极,采用双层辉光等离子渗法在 316L 钢表面制备渗 Cr 层后,通过研究氧流量对涂层组织结构的影响,对渗 Cr 层采用双层辉光等离子渗法制备了 Cr_2O_3 涂层[49]。氧流量较低时,涂层由纯 Cr 层和极薄的 Cr_2O_3 层组成,且表面疏松;随着氧流量的增加,Cr_2O_3 层明显增厚,并出现了择优生长现象。制备的 Cr_2O_3 涂层的耐磨性和耐蚀性均较基体有明显提升,且具有良好的抗热震性。氧流量为 10sccm(标准 cm³/s)时涂层具有最佳的综合性能。

3.3 Er_2O_3 阻氚涂层的制备及性能

由于与液态 Li 有较好的相容性及电绝缘性,Er_2O_3 涂层被日本 FFHR 液态包层选为钒合金表面的 MHD 涂层。因此，以静冈大学为代表的日本科研单位采用 PVD 法、MOCVD 法、金属有机物分解（MOD）法和溶胶-凝胶法等在 RAFM 钢或不锈钢表面开展了较为系统的 Er_2O_3 涂层制备研究，并采用 MOCVD 法、MOD 法开展了管道表面涂层的制备及性能考核工作。

3.3.1 物理气相沉积法

利用真空磁控溅射系统，以 Er 为靶材，在 $5×10^{-2}$ Pa 氧分压下，通过对基体沉积温度的调控，Chikada 等[50]采用 PVD 法在 SS316、SS430、JLF-1 和 F82H 等钢表面制备了 1.3~2.6μm 厚的 Er_2O_3 涂层（图 3.21），并提出在基体表面采用双面镀覆的方式有利于涂层阻氚性能的提升。Er_2O_3 涂层在 600~700℃ 下氚渗透率降低 4~5 个量级（图 3.22）。由于晶粒会随涂层厚度的增加而粗大，从而导致应力集中和裂纹产生，因此 Er_2O_3 涂层的 DPRF 随着涂层厚度的增加而降低[51]。Er_2O_3 涂层的电阻率为 10^{12}~10^{14} Ω·m，远高出聚变反应堆包层的要求（10^2~10^4 Ω·m）[52]。

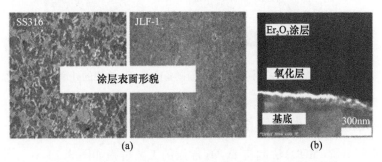

图 3.21 PVD 法制备的 Er_2O_3 涂层的表面形貌及截面形貌
(a)表面形貌；(b)截面形貌。

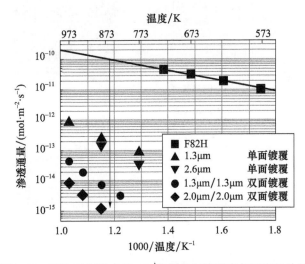

图 3.22 PVD 法制备的 Er_2O_3 涂层的氚渗透率与温度的关系

3.3.2 化学气相沉积法

以异丁酰新戊酰甲烷铒（$Er(C_{10}H_{18}O_2)_3$）或乙酰丙酮铒（$Er(C_5H_7O_2)_3$）为前驱体，

在高纯 Ar 或氧流量为 300sccm、温度为 500~700℃、压力为 1.33kPa 的条件下,采用 CVD 法在 304 钢基体上获得了多晶 Er_2O_3 涂层[53-54]。涂层表现出较好的抗液态 Li 腐蚀能力,但基材的表面状态(如粗糙度和起伏)是影响涂层结晶度的重要因素,需降低金属基材的表面粗糙度改善 Er_2O_3 涂层的结晶度[53]。用 MOCVD 法在不锈钢管内表面制备的 800nm 厚的 Er_2O_3 涂层如图 3.23 所示[54]。

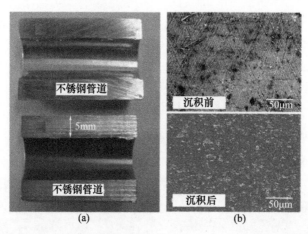

图 3.23 MOCVD 法在不锈钢管内表面制备的 Er_2O_3 涂层的外观及表面形貌
(a)外观;(b)表面形貌。

3.3.3 金属有机物分解法

金属有机物分解(MOD)法制备 Er_2O_3 涂层的工艺过程如图 3.24 所示[55],优点是对

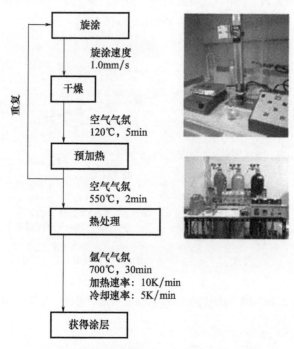

图 3.24 MOD 法制备 Er_2O_3 涂层的工艺过程

复杂结构部件表面涂敷方便,具有工程应用前景。以 1.0~1.4mm/s 的速度,在基体表面旋涂 Er_2O_3 后,在含水氢气中热处理后获得无裂缝的 Er_2O_3 涂层,如图 3.25 所示。在 500℃下,单次涂覆后 Er_2O_3 涂层的 DPRF 为 600~700,两次涂覆后 DPRF 升至 2000,氘渗透率与温度的关系如图 3.26 所示。

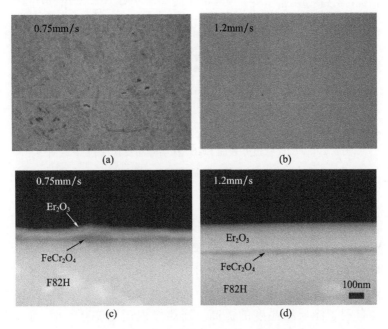

图 3.25　不同旋涂速度下,MOD 法在 F82H 钢上制备的 Er_2O_3 涂层
(a),(b)表面形貌;(c),(d)截面形貌。

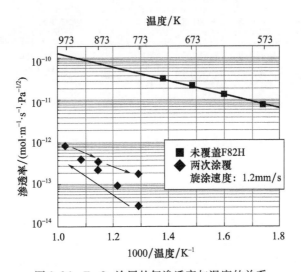

图 3.26　Er_2O_3 涂层的氘渗透率与温度的关系

采用 MOD 法在 F82H 管道($\phi=9.5$mm,$L=150$mm)外表面制备的 Er_2O_3 涂层的氘渗透率降低 2 个数量级以上,如图 3.27 所示[56]。

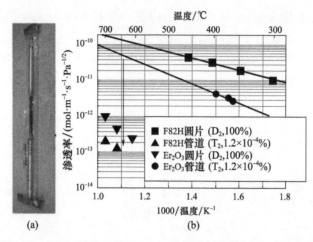

图 3.27　F82H 管道外表面 Er_2O_3 涂层样品及其氘、氚渗透曲线

(a)样品;(b)氘、氚渗透曲线。

3.3.4　溶胶-凝胶法

Yao 和 Morelhao 等[11,57]采用溶胶-凝胶法在 316L 和 F82H 钢上开展了 Er_2O_3 涂层的制备及性能研究工作。以 $Er(NO_3)_3 \cdot 6H_2O$ 为前驱体,火胶棉为增黏剂,通过控制浸渍次数来控制膜厚,并在高纯、流动的氩气中烘烤,制备了 Er_2O_3 涂层[11]。在烘烤气氛中添加少量氧气有利于涂层结晶度的提高。当烘烤温度为 700℃ 时,涂层的结晶性较好(图 3.28),DPRF 达到 10^3 量级(图 3.29),并在液态 Li 中具有良好的稳定性,电阻率可达 10^{11} Ω·m。

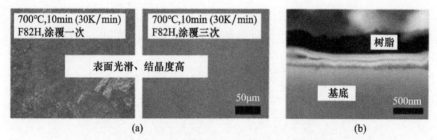

图 3.28　溶胶-凝胶法制备的 Er_2O_3 涂层的表面形貌和截面形貌

(a)表面形貌;(b)截面形貌。

3.3.5　其他制备方法

脉冲激光沉积(PLD)法是利用脉冲激光器所产生的高能脉冲激光束作用于靶材表面,在其表面产生高温使其熔蚀,并发射高温高压等离子体,利用其定向局域膨胀在衬底表面沉积形成薄膜。例如,以高纯 Er_2O_3 为靶材,采用脉冲激光沉积法在石英基体上制备了厚度为 0.8μm 的 Er_2O_3 薄膜[58]。

原位生长法是指液态金属中含有的一些目标金属离子与结构材料表面富含的某种元素在液-固界面反应生成涂层的一种方法,其特点是能够在复杂基体上形成涂层并具有自愈合功能。典型的 Er_2O_3 涂层制备工艺过程为,首先通过氧化及真空退火处理使氧原

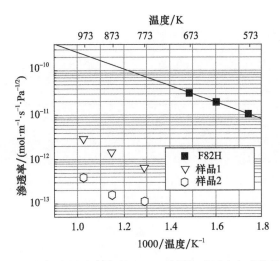

图 3.29　溶胶-凝胶法制备的 Er_2O_3 涂层氚渗透率与温度的关系

子进入基体材料形成富氧层,然后把表面富含氧原子的基体浸入含有金属离子的液态 Li-Pb 溶液中,通过界面反应生成涂层。Er_2O_3 涂层通常由 Er_2O_3 薄膜和过渡层组成,并具有高电阻率,但生长速度很慢且容易产生裂纹[59]。

3.4　Y_2O_3 阻氚涂层的制备及性能

Y_2O_3 具有和 Er_2O_3 同等良好的 DPRF(10~2000),尤其具有热化学稳定性高和抗液态金属腐蚀性能好的特点。日本多家研究机构在 RAFM 钢、钒合金和不锈钢表面围绕涂层的制备及辐照、液体金属腐蚀和阻氚性能等方面开展了相关研究。

3.4.1　物理气相沉积法

以钇(99.9%)为靶材,氩、氧混合气为载气,采用 PVD 法在 F82H 钢表面沉积的 Y_2O_3 涂层具有柱状结构,并在退火后转变成粒状结构[60]。辐照后,涂层/基体界面附近形成非晶层,且其厚度随着辐照温度的增加而减小,并在涂层中形成直径约 20nm 的空隙,如图 3.30 所示。由图 3.31 推导可知,与未辐照样品相比,室温辐照 1dpa 涂层的 DPRF 为 390。在 Eurofer 97 钢表面采用 PVD 法制备的 Y_2O_3 涂层的 DPRF 仅为 35,但在氚暴露约 20h 后 DPRF 仍能保持稳定[61]。

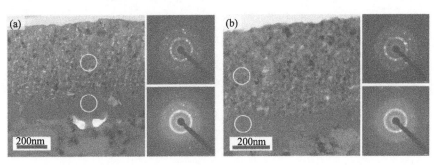

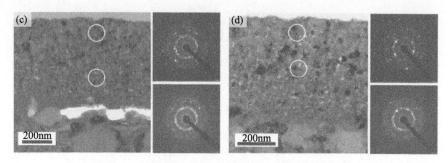

图 3.30 Y$_2$O$_3$ 涂层在不同剂量和温度下辐照后的截面形貌

(a)0dpa,室温;(b)1dpa,室温;(c)0.45dpa,200℃;(d)1dpa,600℃。

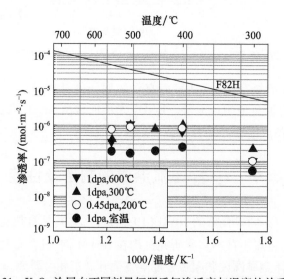

图 3.31 Y$_2$O$_3$ 涂层在不同剂量辐照后氘渗透率与温度的关系曲线

3.4.2 化学气相沉积法

以 2,2,6,6-四甲基-3,5-庚二酮酸钇(Y(C$_{11}$H$_{19}$O$_2$)$_3$)为前驱体,H$_2$ 和水蒸气分别为载气和反应气,在 600~800℃、1.2~1.4kPa 下,通过 MOCVD 法在 316L 不锈钢基底上沉积的百纳米级厚的 Y$_2$O$_3$ 涂层表面光洁、致密(图 3.32)[62-63]。在 600℃和 700℃时,Y$_2$O$_3$ 涂层的 DPRF 分别为 130 和 50。当在氢气氛中经 500~700℃退火后,由于元素扩散在界面处形成了 FeCr$_2$O$_4$ 层,涂层的 DPRF 分别升至 412 和 102[63]。

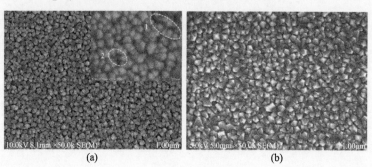

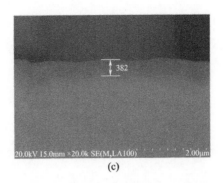

图 3.32 MOCVD 法制备的 Y_2O_3 涂层

(a)退火前的表面形貌;(b)氢气中 700℃退火后的表面形貌;(c)氢气中 700℃退火后的截面形貌。

3.4.3 金属有机物分解法

Chikada 等[64]采用图 3.25 所示的 MOD 法在 F82H 钢表面开展了 Y_2O_3 涂层的制备工艺研究,发现涂层的微观结构随热处理温度的变化而变化。在 670℃时为无定形结构,在 700℃时为结晶态(图 3.33)。在 400~500℃下,无定形 Y_2O_3 涂层的 DPRF 仅为 5,而结晶态涂层的 DPRF 可达 100。

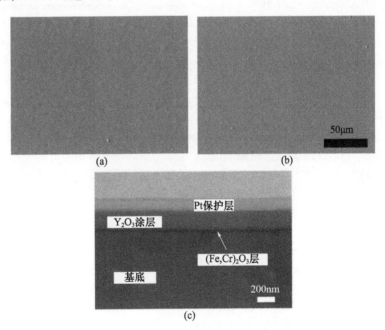

图 3.33 MOD 法制备的 Y_2O_3 涂层

(a)无定形结构涂层的表面形貌;(b),(c)结晶态涂层的表面形貌和截面形貌。

3.4.4 其他制备方法

采用烧结和等离子体喷涂技术也可以制备出 Y_2O_3 涂层。500℃下用烧结法制得的 Y_2O_3 涂层在液态 Li 中表面有深色的 $LiYO_2$ 层形成,且时间越长,$LiYO_2$ 层越明显。这是因为Y_2O_3在强还原性的液态Li中很容易失去O^{2-},并与Li结合成更为稳定的$LiYO_2$[65]。用等离子体喷涂法制得的Y_2O_3涂层则在很短时间(150h)内便出现严重的剥落现象[65]。

参 考 文 献

[1] 张桂凯,向鑫,杨飞龙,等.我国聚变堆结构材料表面阻氚涂层的研究进展[J].核化学与放射化学,2015,37(5):118-128.

[2] CAUSEY R A,KARNESKY R A,MARCHI C S. Tritium barriers and tritium diffusion in fusion reactors[J]. Compr. Nucl. Mater. ,2012,4:511-549.

[3] 山常起,吕延晓.氚与防氚渗透材料[M].北京:原子能出版社,2005.

[4] NICKEL H,KOIZLIK K. Characterization of coatings on materials for components in fission and fusion reactors[J]. Thin Solid Films,1983,18(4):401-414.

[5] 郝嘉琨,山常起,吴柱京,等.316L不锈钢表面Al_2O_3镀层中氚的扩散渗透行为[J].核聚变与等离子体物理,1996,16(2):62-64.

[6] LEVCHUK D,KOCH F,MAIER H,et al. Deuterium permeation through Eurofer and alpha-alumina coated Eurofer[J]. J. Nucl. Mater. ,2004,328(2-3):103-106.

[7] BENAMATI G,CHABROL C,PERUJO A,et al. Development of tritium permeation barriers on Al base in Europe[J]. J. Nucl. Mater. ,1999,271-272(2):391-395.

[8] TERAI T,YONEOKA T,TANAKA H,et al. Tritium permeation through austenitic stainless steel with chemically densified coating as a tritium permeation barrier[J]. J. Nucl. Mater. ,1994,212-215(Part B):976-980.

[9] TERAI T. Research and development on ceramic coatings for fusion reactor liquid blankets[J]. J. Nucl. Mater. ,1997,248(1):153-158.

[10] LEVCHUK D,LEVCHUK S. Erbium oxide as a new promising tritium permeation barrier[J]. J. Nucl. Mater. ,2007,367-370(Part B):1033-1037.

[11] YAO Z,SUZUKI A,LEVCHUK D,et al. Hydrogen permeation through steel coated with erbium oxide by sol-gel method[J]. J. Nucl. Mater. ,2009,386-388:700-702.

[12] LEVCHUK D,BOLT H,DÖBELI M,et al. Al-Cr-O thin films as an efficient hydrogen barrier[J]. Surf. Coat. Tech. ,2008,202(20):5043-5047.

[13] SERRA E,KELLY P J,ROSS D K,et al. Alumina sputtered on MANET as an effective deuterium permeation barrier[J]. J. Nucl. Mater. ,1998,257(2):194-198.

[14] WONG C P C,SALAVY J F,KIM Y,et al. Overview of liquid metal TBM concepts and programs[J]. Fusion Eng. Des. ,2008,83(7-9):850-857.

[15] ZHENG S,KING D B,GARZOTTI L,et al. Fusion reactor start-up without an external tritium source[J]. Fusion Eng. Des. ,2016,103:13-20.

[16] LI S,HE D,LIU X,et al. Deuterium permeation of amorphous alumina coating on 316L prepared by MOCVD[J]. J. Nucl. Mater. ,2012,420(1-3):405-408.

[17] UEKI Y,KUNUGI T,MORLEY N B,et al. Electrical insulation test of alumina coating fabricated by sol-gel method in molten PbLi pool[J]. Fusion Eng. Des. ,2010,85(10-12):1824-1828.

[18] WANG T,PU J,BO C,et al. Sol-gel prepared Al_2O_3 coatings for the application as tritium permeation barrier[J]. Fusion Eng. Des. ,2010,85(7-9):1068-1072.

[19] PERUJO A,FORCEY K S. Tritium permeation barriers for fusion technology[J]. Fusion Eng. Des., 1995,28(1-2):252-257.

[20] 张桂凯. 室温熔盐镀铝-氧化法制备铝化物阻氚层技术研究[D]. 绵阳:中国工程物理研究院,2010.

[21] 胡立,张桂凯,唐涛. FeAl/Al_2O_3 阻氚涂层表面 Al_2O_3 薄膜形成机制与低温制备技术的研究进展[J]. 机械工程材料,2019,6(43):1-7.

[22] GESMUNDO F,NIU Y,WANG W. An approximate analysis of the external oxidation of ternary alloys forming insoluble oxides. II: low oxidant pressures[J]. Oxid. Met.,2001,56(5-6):537-549.

[23] 张志刚. 二元铁-铝与三元铁-铬-铝合金形成保护性氧化膜的机理研究[D]. 沈阳:中国科学院金属研究所,2005.

[24] KELLY P J,ARNELL R D. Magnetron sputtering: a review of recent developments and applications[J]. Vacuum,2000,56(3):159-172.

[25] WINDOW B. Recent advances in sputter deposition[J]. Surf. Coat. Tech.,1995,71(2):93-97.

[26] 张志刚,Hou P Y,牛焱. Fe-xCr-10%Al(x=0,5,10)合金在 900 ℃ 的氧化:第三组元作用的新例子[J]. 金属学报,2005,41(6):649-654.

[27] ZHANG Z,GESMUNDO F,HOU P Y et al. Criteria for the formation of protective Al_2O_3 scales on Fe-Al and Fe-Cr-Al alloys[J]. Corros. Sci.,2006,48(3):741-749.

[28] LANG F Q,YU Z M,GEDEVANISHVILI S,et al. Isothermal oxidation behavior of a sheet alloy of Fe-40Al at temperatures between 1073K and 1473K[J]. Intermetallics,2003,11(7):697-701.

[29] ALVARADO-OROZCO J M,MORALES-ESTRELLA R. Kinetic Study of the competitive growth between θ-Al_2O_3 and α-Al_2O_3 during the early stages of oxidation of β-(Ni,Pt)Al bond coat systems: effects of low oxygen partial pressure and temperature[J]. Metall. Mater. Trans. A,2015,46A(2):726-738.

[30] BRUMM M W,GRABKE H J. The oxidation behaviour of NiAl-I. Phase transformations in the alumina scale during oxidation of NiAl and NiAl-Cr alloys[J]. Corros. Sci.,1992,33(11):1677-1690.

[31] 孙祖庆,黄原定,杨王玥,等. Fe_3Al 基金属间化合物合金强韧化途径探索[J]. 金属学报,1993,29(8):20-24.

[32] HUNTZ A M,HOU P Y,MOLINS R. Study by deflection of the oxygen pressure influence on the phase transformation in alumina thin films formed by oxidation of Fe_3Al[J]. Mater. Sci. Eng.,2007,467(1-2):59-70.

[33] HUNTZ A M,ABDERRAZIK G B,et al. Yttrium Influence on the Alumina Growth Mechanism on an $FeCr_{23}Al_5$[J]. Appl. Surf. Sci.,1987,28(4):345-366.

[34] 胡立. Fe-Al 层表面 α-Al_2O_3 膜制备及氧化行为研究[D]. 绵阳:中国工程物理研究院,2019.

[35] 向鑫. 铝化物阻氚涂层中的基底效应研究[D]. 绵阳:中国工程物理研究院,2016.

[36] LEVCHUK D,KOCH F,MAIER H,et al. Gas-driven deuterium permeation through Al_2O_3 coated samples[J]. Phys. Scripta.,2004,T108:119-122.

[37] ANDERSSON J M,WALLIN E,HELMERSSON U,et al. Phase control of Al_2O_3 thin films grown at low temperatures[J]. Thin Solid Films,2006,513(1-2):57-59.

[38] ANDERSSON J M,CZIGANY Z,JIN P,et al. Microstructure of α-alumina thin films deposited at low temperatures on chromia template layers[J]. J. Vac. Sci. Technol. A,2004,22(1):117-121.

[39] ZHAN Q,ZHAO W,YANG H,et al. Formation of α-alumina scales in the Fe-Al(Cr) diffusion coating on China Low Activation Martensitic steel[J]. J. Nucl. Mater.,2013,464(1):123-127.

[40] EKLUND P,SRIDHARAN M,SILLASSEN M,et al. α-Cr_2O_3 template-texture effect on α-Al_2O_3 thin-film growth[J]. Thin Solid Films,2008,516(21):7447-7450.

[41] KITAJIMA Y, HAYASHI S, NISHIMOTO T, et al. Acceleration of metastable to alpha transformation of Al_2O_3, Scale on Fe-Al alloy by pure-metal coatings at 900℃[J]. Oxid. Met., 2011, 75(1-2): 41-56.

[42] ROVERE F, MAYRHOFER P H, REINHOLDT A, et al. The effect of yttrium incorporation on the oxidation resistance of Cr-Al-N coatings[J]. Surf. Coat. Tech., 2008, 202(24): 5870-5875.

[43] AHMADI H, LI D Y. Mechanical and tribological properties of aluminide coating modified with yttrium[J]. Surf. Coat. Tech., 2002, 161(2-3): 210-217.

[44] JEDLIŃSKI J. Comments on the effect of yttrium on the early stages of oxidation of alumina formers[J]. Oxid. Met., 1993, 39(1-2): 55-60.

[45] JAMNAPARA N I, MUKHERJEE S, KHANNA A S. Phase transformation of alumina coating by plasma assisted tempering of aluminized P91 steels[J]. J. Nucl. Mater., 2015, 464: 73-79.

[46] 张桂凯, 李炬, 陈长安, 等. 不锈钢异型件表面阻氚层制备技术的研究进展[J]. 机械工程材料, 2010, 34(4): 5-10.

[47] HE D, LI S, LIU X, et al. Preparation of Cr_2O_3 film by MOCVD as hydrogen permeation barrier[J]. Fusion Eng. Des., 2014, 89(1): 35-39.

[48] 严有为. 先进阻氚涂层材料关键基础问题研究[R]. 成都: 国家磁约束核聚变能发展研究专项课题总结会, 2017.

[49] 高强. 316L不锈钢表面Cr_2O_3涂层的制备及其性能研究[D]. 南京: 南京航空航天大学, 2009.

[50] CHIKADA T, SUZUKI A, ADELHELM C, et al. Surface behaviour in deuterium permeation through erbium oxide coatings[J]. Nucl. Fusion, 2011, 51(6): 063023-063027.

[51] LI Q, WANG J, XIANG Q Y, et al. Thickness impacts on permeation reduction factor of Er_2O_3 hydrogen isotopes permeation barriers prepared by magnetron sputtering[J]. Int. J. Hydrogen Energy, 2016, 41(4): 3299-3302.

[52] SAWADA A, SVZUKI A, MAIER H, et al. Fabrication of yttrium oxide and erbium oxide coatings by PVD methods[J]. Fusion Eng. Des., 2005, 75-79: 737-740.

[53] KEVIN M, BRENT F. Corrosion-resistant erbium oxide coatings by organometallic chemical vapor deposition[J]. Thin Solid Films, 2000, 366(1-2): 175-180.

[54] YOSHIMITSU H, TSUTOMU T, TERUYA T, et al. Er_2O_3 coating synthesized with MOCVD process on the large interior surface of the metal tube[J]. Fusion Eng. Des., 2010, 86(9-11): 2530-2533.

[55] CHIKADA T, SUZUKI A, TANAKA T, et al. Microstructure control and deuterium permeability of erbium oxide coating on ferritic/martensitic steels by metal-organic decomposition[J]. Fusion Eng. Des., 2010, 85(7-9): 1537-1542.

[56] CHIKADA T, SHIMADA M, PAWELKO R J, et al. Tritium permeation experiments using reduced activation ferritic/martensitic steel tube and erbium oxide coating[J]. Fusion Eng. Des., 2014, 89(7-8): 1402-1404.

[57] MORELHAO S, BRITO G, ABRAMOF E, et al. Characterization of erbium oxide sol-gel films and devices by grazing incidence X-ray reflectivity[J]. J. Alloy. and Compd., 2002, 344(1-2): 207-211.

[58] VANIN E, GRISHIN A, KHARTSEV S, et al. Broadband photoluminescence from pulsed laser deposited Er_2O_3 films[J]. J. Lumin., 2006, 121(2): 256-258.

[59] YAO Z Y, SUZUKI A, MUROGA T, et al. The in situ growth of Er_2O_3 coatings on V-4Cr-4Ti in liquid lithium[J]. Fusion Eng. Des., 2006, 81(8-14): 951-956.

[60] CHIKADA T, FUJITA H, ENGELS J, et al. Deuterium permeation behavior and its iron-ion irradiation effect in yttrium oxide coating deposited by magnetron sputtering[J]. J. Nucl. Mater., 2018, 511: 560-566.

[61] ENGELS J, HOUBEN A, RASINSKI M, et al. Hydrogen saturation and permeation barrier performance of yttrium oxide coatings[J]. Fusion Eng. Des., 2017, 124: 1140-1143.

[62] WU Y,LI S,HE D,et al. Influence of annealing atmosphere on the deuterium permeation of Y_2O_3 coatings[J]. Int. J. Hydrogen Energy,2015,41(24):10374-10379.

[63] WU Y,HE D,LI S,et al. Microstructure change and deuterium permeation behavior of the yttrium oxide coating prepared by MOCVD[J]. Int. J. Hydrogen Energy,2014,39(35):20305-20312.

[64] CHIKADA T,TANAKA T,YUYAMA K,et al. Crystallization and deuterium permeation behaviors of yttrium oxide coating prepared by metal organic decomposition[J]. Nucl. Mater. Energy,2016,9:529-534.

[65] 张高伟,韩文妥,万发荣. Li/V 包层 MHD 绝缘涂层的研究现状与展望[J]. 稀有金属材料与工程,2019,48(1):348-356.

第4章 氧化物阻氚涂层与氢同位素的相互作用

众所周知,氢同位素在材料中的渗透包括吸附、解离、溶解、扩散、复合和脱附六个过程[1-2]。显然,除了涂层的完整性,阻氚涂层的性能还取决于涂层材料与氢同位素的相互作用。因此,若基于阻氚涂层阻滞氢渗透机理的认识,归纳最佳调控机制,并在此基础上设计相应的制备工艺方案,阻氚涂层研发将会更加高效可行。因此,未来阻氚涂层制备工艺研究与性能调控研究必须紧密结合涂层材料与氢同位素的相互作用规律,采用有针对性的技术手段与实验方案。与制备技术研究相比,氧化物涂层材料与氢同位素的相互作用研究相对滞后,还未形成系统的理论体系。目前的研究主要围绕氧化物材料及其涂层的氢行为、氢损伤、氚相容性及相关因素的影响程度来开展,但还未系统涉及这些因素的影响机制问题。其中,有关 Al_2O_3 和 Er_2O_3 中的氢行为的研究相对系统和深入。

4.1 Al_2O_3 中的氢行为

4.1.1 氢在 Al_2O_3 表面的吸附行为

氢在 Al_2O_3 表面的吸附与侵入是氢与 Al_2O_3 交互作用的第一步。图 4.1(a) 是 Al_2O_3 粉末典型的吸氢动力学曲线。Al_2O_3 的等温吸氢曲线呈"阶梯"状,其吸氢量随温度的降低而增加,但随着吸氢压力的升高变化不明显(图 4.1(b))。Al_2O_3 粉末的吸氢速率较缓慢,不受比表面积、杂质含量的影响;400~900℃下 Al_2O_3 的吸氢量为 0.05~0.2mL/g(标准状态,不到 Al_2O_3 比表面积的10%),吸附热为 114.95kJ/mol(1.2eV)[3]。

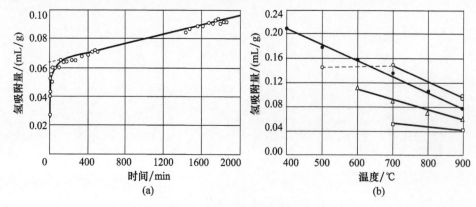

图 4.1 Al_2O_3 粉末的吸氢行为

(a)典型的吸氢动力学曲线;(b)不同氢气压力下的吸附量。

4.1.2 氢在 Al_2O_3 中的输运及其影响因素

1. 氢在 Al_2O_3 中的溶解、扩散和渗透常数

表 4.1 列举出氢同位素在不同微观组织形态 Al_2O_3 中的扩散系数、溶解度和渗透率。可以看出,这些常数不仅与所处的温度范围有关,还与 Al_2O_3 的微观组织结构、杂质含量和制备工艺有关。此外,Al_2O_3 中的氢扩散系数、溶解度和渗透率数据比较分散。

表 4.1 Al_2O_3 中氢同位素的扩散系数、溶解度和渗透率

气体	微观组织形态	温度/℃	实验方法	扩散系数		溶解度		渗透率	
				D_0 /(m²/s)	E_D /(kJ/mol)	S_0 /(mol·m⁻³·MPa⁻¹/²)	E_S /(kJ/mol)	Φ_0 /(mol·m⁻¹·s⁻¹·MPa⁻¹/²)	E_Φ /(kJ/mol)
T	单晶	600~1000	反冲注入氚释放	3.26×10⁻⁴	239.09	—	—	—	—
T	陶瓷	600~1000	反冲注入氚释放	7.35×10⁻⁶	183.08	—	—	—	—
T	Lucalox 陶瓷	600~1000	反冲注入氚释放	39.8×10⁻⁴	174.72	—	—	—	—
H	Alsint 陶瓷	1000~1400	气相渗透	9.7×10⁻⁸	79.99	5.5	22.54	3.3×10⁻⁷	97.42
H	陶瓷	1200~1450	气相渗透	—	—	—	—	34.0~155.3	299~337
H	陶瓷	1200~1450	气相渗透	1.1×10⁻⁸	132.0	5.5	22.5	—	—
H	多孔陶瓷	1500~1700	气相渗透	—	—	12.5	6.6×10⁻²	—	—

2. 氢在 Al_2O_3 中扩散、溶解和渗透的影响因素

Al_2O_3 中的氢渗透行为受到其工作环境(温度、压力、Li 腐蚀和辐照等)和涂层结构(Al_2O_3 晶形、微观组织、成分、材料显微缺陷和宏观工艺缺陷等)的影响,但对于这些现象的影响机制的研究还不够深入。

1) 温度的影响

如前所述,Al_2O_3 中的氢同位素的扩散、溶解和渗透随温度呈典型的阿仑尼乌斯(Arrhenius)关系,但是各研究者的数据比较分散,特别是溶解度数据。图 4.2 是 Al_2O_3 基材和涂层中氢的扩散系数、溶解度和渗透率随温度变化的曲线[3]。

2) 压力的影响

随压力的变化,Al_2O_3 中的氢渗透率与压力的 0.4~1 次方呈线性关系。Roberts 等[4]测得 Al_2O_3 陶瓷中氢渗透率与压力呈 0.4 次方的关系,Serra 等[3]测得氢渗透率则与压力呈 0.53 次方的关系[3]。Alcoa 粉末(99.93% Al_2O_3,主要杂质为 SiO_2、MgO)的溶解度随压力呈 0.48±0.25 次方的关系,这表明粉末样品表面吸附较为严重[3]。

3) 杂质的影响

氚在含 0.1% MgO 的 Al_2O_3 中的扩散系数比在单晶材料中的高 10^4~10^5 倍,而在含 0.2% MgO 的 Al_2O_3 中的扩散系数仅是 Al_2O_3 陶瓷的 3 倍[5]。图 4.3 中 Roberts 和 Serra 虽然都采用了 Al_2O_3 陶瓷,但二者的氢渗透率差异显著。其中,Robert 采用 99.8% 纯度的

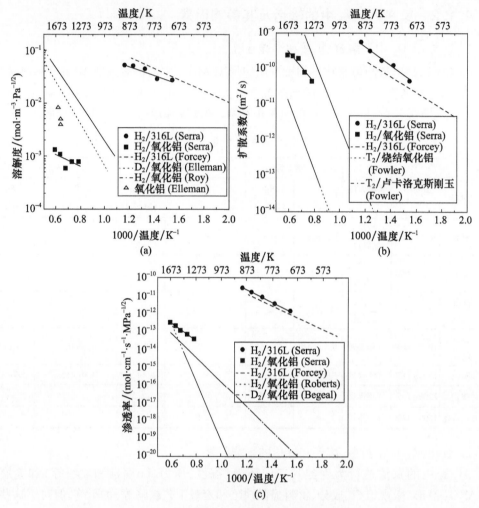

图 4.2 Al_2O_3 中氢的溶解度、扩散系数和渗透率随温度变化的曲线
(a)溶解度;(b)扩散系数;(c)渗透率。

Al_2O_3,主要杂质是 MgO、SiO_2、CaO[4];Serra[3] 采用 99.7%纯度的 Al_2O_3,主要杂质包括 MgO、Na_2O 和 SiO_2。由此可见,氢同位素的输运行为与 Al_2O_3 中的杂质元素有关。

4) 微观组织形态的影响

一般来说,溶解度、扩散系数和渗透率的大小按单晶、陶瓷和粉末的次序依次增加[6],如图 4.4 所示[7]。由于 Al_2O_3 中氢同位素的溶解度和渗透率很小,因此各研究者的溶解度数据差异较大。Al_2O_3 的微观组织形态对其氢同位素输运行为有影响,这表明氢在晶界、孔洞运动比晶粒内迅速得多。

5) Al_2O_3 物相的影响

α-Al_2O_3 的氢渗透率较低,且比较稳定;而 γ-Al_2O_3 的氢渗透率较大,且渗透率随渗透循环次数的增加而增大,增加到一定值后才稳定[8]。γ-Al_2O_3 中添加 α-Al_2O_3 后,氢渗透率将显著增大,这可能是因 α-Al_2O_3 和 γ-Al_2O_3 间存在界面或孔洞,导致氢渗透率增加。

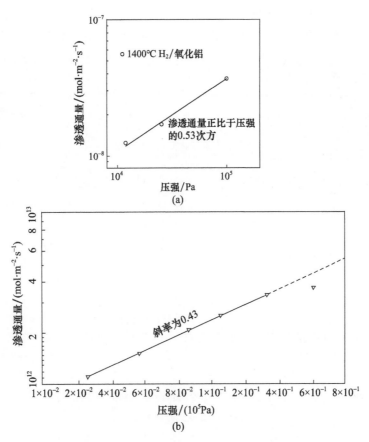

图 4.3 99.8%纯度和99.7%纯度的 Al_2O_3 中氢的渗透通量与压强的曲线
(a)99.8%纯度；(b)99.7%纯度。

6) Al_2O_3 膜厚度的影响

Al_2O_3 中氢同位素的渗透率随 Al_2O_3 膜厚度的增加先显著降低,然后基本稳定[1,9]。氧化100h后Fe-Al涂层的阻氚渗透性能明显优于氧化48h后的样品。其中,氧化48h样品表面氧化膜厚度小于100nm,而氧化100h样品表面氧化膜厚约100~120nm[9]。

4.1.3 Al_2O_3 中氢行为理论模拟

第1章中阻氚涂层三种氢渗透模型仅笼统地表明了阻氚涂层的氢渗透过程由 Al_2O_3 涂层材料表面效应控制还是由体相效应控制,但是其中的本质及其作用机理并不清楚:氢原子或氢分子如何进入 Al_2O_3 内部,在其体相、界面上又以何种方式扩散？这些现象的本质及其中的约束机制和动力学限制途径到底是什么？更是无法判断 Al_2O_3 的何种微观结构在其中起到主要的阻滞氢渗透作用。对此,采用第一性原理理论模拟方法系统研究了氢在 Al_2O_3 表面的吸附、解离与侵入,氢在 Al_2O_3 中的存在形式和扩散等微观行为,进而阐明其中的约束机制和动力学限制途径[10]。

1. Al_2O_3 表面氢行为

在 α-Al_2O_3(0001)表面上,单个 H 原子吸附在 α-Al_2O_3(0001)表面的 O 原子

上(图4.5(a)),两个H原子共吸附在α-Al₂O₃(0001)表面的O、Al原子上(图4.5(b)),H₂分子以平行方式吸附在α-Al₂O₃(0001)表面的Al原子上(图4.5(c))[11-12]。

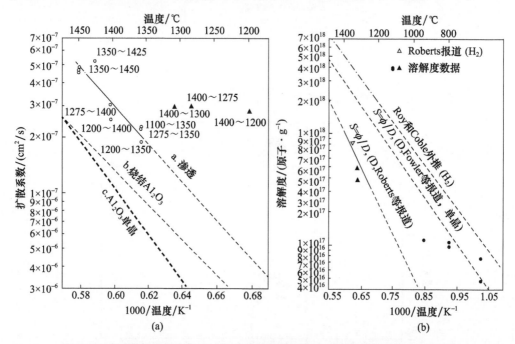

图4.4 不同微观组织形态Al_2O_3中氢的扩散系数和溶解度随温度的变化曲线
(a)扩散系数;(b)溶解度。

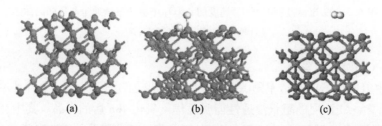

图4.5 H单原子、H双原子和H_2分子在α-Al_2O_3(0001)表面的吸附构型(见彩插)
(a)H单原子;(b)H双原子;(c)H_2分子。

在α-Al_2O_3(0001)表面上,平行吸附于Al原子表面的H_2分子优先解离成共吸附在Al、O原子表面的H原子,如图4.6所示。其中,解离吸附能垒为0.79eV,反应热为-0.18eV。由此可见,在略高于室温时,α-Al_2O_3(0001)表面H_2分子将自发解离成H原子。

H_2分子解离后,H原子由α-Al_2O_3(0001)表面逐步进入体相的扩散路径如图4.7所示。H原子在每个O原子层上先围绕O原子旋转(H1→H2→H3),再跳跃到下一个O原子层上(H3→H4),如图4.8所示,然后以"旋转-跳跃—旋转-跳跃—…"的方式继续进入α-Al_2O_3中。比较图4.7中各基本扩散步骤的能垒,可以看到,H原子由α-Al_2O_3的表面到次表面扩散对应的能垒最大($B→B_K$,1.58eV),反应热为0.76eV。由此可见,H原子由α-Al_2O_3(0001)表面到次表面的扩散只能在高温下发生,且在热力学上为非自发反应,即$B→B_K$步骤为H原子在Al_2O_3中扩散的控制步骤。

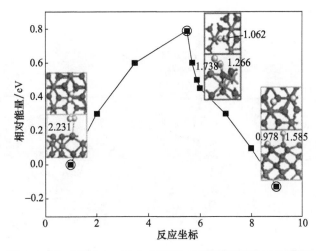

图4.6 H_2 分子在 α-Al_2O_3(0001)表面的解离路径(见彩插)

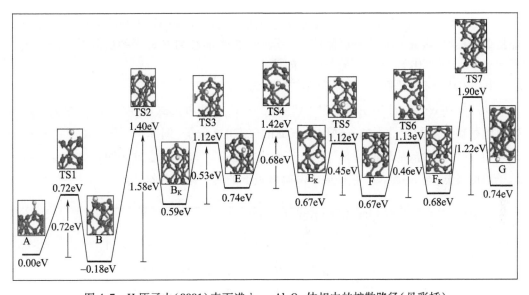

图4.7 H原子由(0001)表面进入 α-Al_2O_3 体相中的扩散路径(见彩插)

在 α-Al_2O_3($1\bar{1}02$)表面上,H_2 分子以接近平行方式物理吸附在 α-Al_2O_3($1\bar{1}02$)表面第2个和第4个原子层Al原子之间吸附位的上方。单个H原子以化学吸附形式吸附在 α-Al_2O_3($1\bar{1}02$)表面第1层的O原子上,而两个H原子分别共吸附在 α-Al_2O_3($1\bar{1}02$)表面的第1层O原子和第2层Al原子上。

在 α-Al_2O_3($1\bar{1}02$)表面,以接近平行方式吸附于表面的 H_2 分子在室温附近自发解离成共吸附在Al、O原子上的H原子(极性解离)后,在一定的温度范围内,H原子将优先在 α-Al_2O_3($1\bar{1}02$)表面扩散;随着温度的升高,吸附在Al原子上的H原子先跳跃到表面第3层的O原子上,然后H原子先围绕该O原子旋转,再跳跃到次表面的O原子层上,此后H原子将以"旋转-跳跃—旋转-跳跃—…"的方式依次继续进入 α-Al_2O_3 中。其中,H原子由 α-Al_2O_3 表面到次表面扩散能垒最高(1.41eV),且在热力学上为非自发反应。

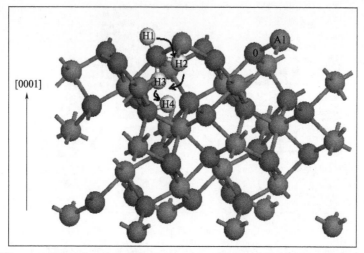

图4.8 H原子由(0001)表面进入α-Al_2O_3体相中的运动方式(见彩插)

α-Al_2O_3($1\bar{1}02$)表面 H_2 分子的物理吸附能和其在α-Al_2O_3(0001)表面的物理吸附能接近。然而,表面 H 原子的吸附能、H_2 分子的解离能垒和 H 原子的扩散侵入最高能垒都比α-Al_2O_3(0001)表面 H_2 分子的吸附能小。

2. α-Al_2O_3 中氢的存在形式及其扩散行为

H 原子在α-Al_2O_3 中主要以 H_i^q 和 $[V_{Al}^{3-}-H^+]^q$ 两种形式存在(q 为 H 相关缺陷的带电电荷数),其稳定性不如α-Al_2O_3 表面的气态 H_2 分子(图4.9)[13]。在这些 H 相关缺陷中,即使是形成能最低的 H_i^+ 离子,其形成能也高达 3.65eV。这表明α-Al_2O_3 中的 H 原子浓度极低,与α-Al_2O_3 中 H 原子溶解度极低的实验结论相符[1]。

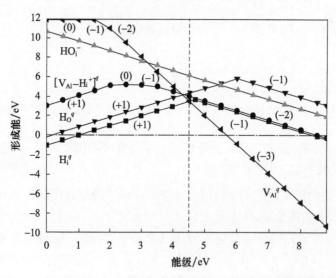

图4.9 富氢条件下,α-Al_2O_3 中 H 相关缺陷的形成能与能级的关系
(垂直虚线是由电中性条件确定的能级)

在含 H 原子的α-Al_2O_3 体系达到富氢平衡状态时,H 原子在α-Al_2O_3 中主要以 H_i^+

离子形式存在,并伴有[V_{Al}^{3-}-H^+]$^{2-}$和H_O^+形式存在的$H_OV_{Al}^{3-}$、O_i^{2-}和V_O^0等α-Al_2O_3的本征点缺陷与H_i^+离子相互复合的同时,能够单独存在。H_i^+、[V_{Al}^{3-}-H^+]$^{2-}$和H_O^+的局域原子结构如图4.10所示。研究发现,当H_i原子吸附在α-Al_2O_3的八面体间隙中的O原子上后,H原子朝向八面体间隙弛豫,H—O键长为1.00Å,对应的Al—O键长比未吸附H原子时增加了2%~4%。H_i^+离子的原子构型如图4.10(a)所示。V_{Al}^{3-}捕获H^+离子形成[V_{Al}^{3-}-H^+]$^{2-}$后,H原子朝向Al空位弛豫,H—O键的键长为0.99Å,对应的Al—O键长比未吸附H原子时增加了2%~3%。[V_{Al}^{3-}-H^+]$^{2-}$的原子构型如图4.10(b)所示。当形成H_O^+后,H原子位于O原子所在平面上,附近的Al—O键长比未吸附H原子时仅有微小的变化(<1%)。H_O^+缺陷对应的原子构型如图4.10(c)所示。

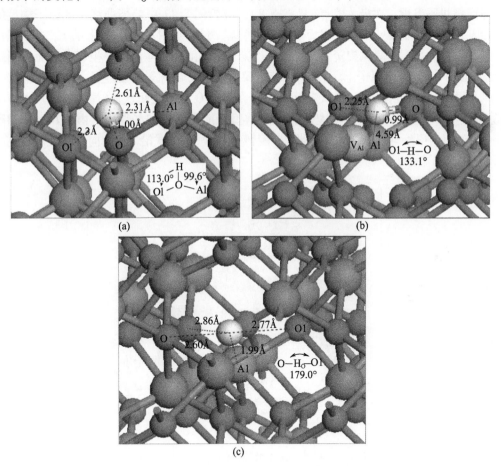

图4.10 α-Al_2O_3中H相关缺陷H_i^+、[V_{Al}^{3-}-H^+]$^{2-}$和H_O^+的局域原子结构
(白色小球表示H原子,灰色小球表示Al空位)(见彩插)
(a)H_i^+;(b)[V_{Al}^{3-}-H^+]$^{2-}$;(c)H_O^+。

H原子在α-Al_2O_3阻氚涂层中的渗透过程实际上是H原子的质量输运过程,是通过晶格中H相关缺陷的迁移完成的。这首先涉及缺陷的形成,然后H原子(或离子)需经历在α-Al_2O_3材料内部的扩散才能释放出来。上述资料仅仅展示了α-Al_2O_3中缺陷的形成过程,但是α-Al_2O_3中的H原子输运以何种缺陷形式、以何种方式实现?

迁移能垒的大小是多少？控制 H 原子扩散动力过程的主要因素是什么？这些问题还未被清楚认识，因此还需要了解缺陷的扩散过程。研究表明，$\alpha\text{-}Al_2O_3$ 中主要的缺陷是 H_i^+、$[V_{Al}^{3-}\text{-}H^+]^{2-}$、$H_O^+$、$V_{Al}^{3-}$、$O_i^{2-}$ 和 V_O^0 等。

对于 H_i^+ 的扩散考虑了两种扩散类型：H_i^+ 在 $\alpha\text{-}Al_2O_3$ 中八面体间隙中的扩散（局域扩散）和 H_i^+ 沿 c 轴方向在相邻的八面体间隙之间的扩散（非局域扩散）。因局域扩散仅局限于八面体间隙内部，对整体扩散输运无影响。H_i^+ 局域扩散的能垒为 $0.22\sim0.62\text{eV}^{[14]}$，这说明 H_i^+ 产生后在室温下即可在八面体间隙内迁移。然而，H_i^+ 的非局域扩散具有相当大的能垒，大小为 1.26eV，相应的势能曲线如图 4.11 所示。与典型的基元反应势能曲线只有 1 个鞍点的特点不同，图 4.11 中的势能曲线除了鞍点（势能点 6），反应物与产物间还出现了次极大值点（势能点 8）。分析图 4.11 中势能曲线上的原子构型的演变发现，H_i^+ 的非局域扩散过程为"旋转—跳跃"两步：吸附在 O 原子上的 H_i^+ 先围绕该 O 原子由一个八面体间隙旋转到相邻的一个八面体间隙内，再在这个相邻的八面体间隙内跳跃到下一层的 O 原子上。其中，旋转步骤由于涉及 H 原子需要通过 $\alpha\text{-}Al_2O_3$ 的密排 O 原子层面，因而能垒较高；跳跃涉及 H 原子在密排 O 原子层间迁移（局域扩散），相应的能垒低。这就是图 4.11 所示的势能曲线与典型势能曲线不同的原因。由于八面体间隙在 $\alpha\text{-}Al_2O_3$ 中沿 c 轴呈螺对称，H_i^+ 将以"旋转—跳跃"的方式沿 c 轴方向成螺旋形式在八面体间隙间扩散。

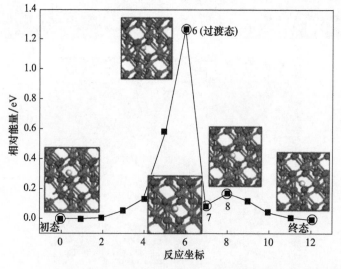

图 4.11　$\alpha\text{-}Al_2O_3$ 中 H_i^+ 非局域扩散的势能曲线及其原子构型图（见彩插）

对于 $[V_{Al}^{3-}\text{-}H^+]^{2-}$ 和 H_O^+ 的扩散主要考虑相邻位置间的扩散，得到缺陷形成能和迁移能垒后，可以估算该缺陷自扩散的激活能，其定义为形成能与扩散能垒之和，如表 4.2 所列。可以看到，在主要的 H 相关缺陷中，$[V_{Al}^{3-}\text{-}H^+]^{2-}$ 和 H_O^+ 的自扩散激活能比 H_i^+ 的自扩散激活能高 2 倍左右；在 $\alpha\text{-}Al_2O_3$ 的主要本征点缺陷中，V_{Al}^{3-} 的自扩散激活能最低，但仍比 H_i^+ 的自扩散激活能高 1.64eV。由此可见，H_i^+ 是 $\alpha\text{-}Al_2O_3$ 中主要的扩散元。$\alpha\text{-}Al_2O_3$ 单晶中 H 原子扩散反应的激活能的实验值是 $5.0\text{eV}^{[15]}$。

此外,在 α-Al_2O_3 中 H 原子除了主要以 H_i^+ 形式存在,还伴有 $[V_{Al}^{3-}-H^+]^{2-}$ 和 H_O^+ 形式,但 $[V_{Al}^{3-}-H^+]^{2-}$ 和 H_O^+ 的直接扩散很难发生。这部分 H 相关缺陷是如何参与或影响 H 原子的扩散的?根据 $[V_{Al}^{3-}-H^+]^{2-}$ 和 H_O^+ 的结合能和 H_i^+ 扩散能垒,可以估算二者的解离激活能,其定义为结合能与扩散能垒之和,如表 4.2 所列。可以看到,$[V_{Al}^{3-}-H^+]^{2-}$ 和 H_O^+ 的解离激活能分别为 4.56eV 和 5.16eV,这表明 $[V_{Al}^{3-}-H^+]^{2-}$ 和 H_O^+ 中存在的 H 原子只有在一定的高温条件下才能解离成 H_i^+,从而参与 H 原子的扩散。

表 4.2　含氢 α-Al_2O_3 中主要缺陷的形成能(E_f)、扩散能垒(E_m)、自扩散激活能(Q)和解离激活能(E_d)

缺陷	H_i^+	$[V_{Al}^{3-}-H^+]^{2-}$	H_O^+	V_{Al}^{3-}	V_O^0	O_i^{2-}
E_f/eV	3.56	4.07	4.38	3.56	4.81	4.82
E_m/eV	1.26	5.04	6.02	2.90	4.52	2.86
Q/eV	4.82	9.11	10.40	6.45	9.33	7.68
E_d/eV	—	4.56	5.16	—	—	—

注:缺陷形成能取费米能级为 4.51eV 处的值。

由此可见,H 原子在 α-Al_2O_3 中的质量输运主要是通过 H_i^+ 扩散完成的。吸附在 O 原子上的 H_i^+ 先围绕该 O 原子由一个八面体间隙旋转到相邻的一个八面体间隙内,再从这个相邻的八面体间隙内跳跃到下一层 O 原子层上。此后,H_i^+ 将继续以"旋转—跳跃"的方式沿 c 轴方向成螺旋形式在八面体间隙间扩散。$[V_{Al}^{3-}-H^+]^{2-}$ 和 H_O^+ 中存在的 H 原子只有在一定的高温下才能解离成 H_i^+ 形式参与扩散。

比较 H 原子的解离和扩散能垒发现,H 原子由 α-Al_2O_3($1\bar{1}02$) 表面和 α-Al_2O_3(0001) 表面侵入 α-Al_2O_3 中需要克服较大能垒(1.41~1.58eV),而相应表面上的 H_2 分子解离仅需要 0.60~0.79eV,正电性 H 离子在 α-Al_2O_3 中扩散则需要 1.26eV。同时,随着 H 原子位置逐渐由 α-Al_2O_3 表面向其次表面移动,其稳定性相也降低。因此,H 原子由表面到次表面的扩散是 H 原子在 α-Al_2O_3 中渗透过程的决速步。由此可见,在 α-Al_2O_3 阻氢渗透过程中,表面到次表面区域主要起到阻滞氢渗透的作用。然而,菲克定律在研究 α-Al_2O_3 阻氘涂层的氢渗透过程仅基于材料的表面控制或体相控制机制。因此,在采用菲克定律研究 α-Al_2O_3 阻滞氢渗透行为时还应考虑表面与体相间区域的影响。

3. H 原子侵入 α-Al_2O_3 行为的晶面效应

H 原子分别由 α-Al_2O_3($1\bar{1}02$) 表面、(0001) 表面扩散侵入体相中的吉布斯自由能,如图 4.12 所示。可以看到,在整个温度范围内,H 原子由($1\bar{1}02$) 表面、(0001) 表面扩散侵入 α-Al_2O_3 中的吉布斯自由能都大于 0。由此可见,α-Al_2O_3 表面 H 原子的扩散侵入为吸热反应,表明 α-Al_2O_3 阻滞氢渗透在热力学上主要是由于其表面 H 原子的稳定性较高。随着温度的升高,吉布斯自由能仅有轻微的降低。分析平衡常数可以看到,H 原子扩散侵入的平衡常数随温度升高而明显增加(图 4.12)。其中,α-Al_2O_3($1\bar{1}02$) 表面的 H 原子侵入平衡常数大于(0001) 表面的平衡常数,二者的大小仅在室温以下才相当。因此,通过 α-Al_2O_3($1\bar{1}02$) 表面扩散侵入体相中的 H 原子相对较多。

分析 α-Al$_2$O$_3$(1$\bar{1}$02)表面、(0001)表面的原子结构、H 原子扩散侵入路径和 α-Al$_2$O$_3$ 体相中 H$_i^+$ 的扩散路径发现，H$_i^+$ 在 α-Al$_2$O$_3$ 中的最佳扩散路径与 α-Al$_2$O$_3$(1$\bar{1}$02)表面呈 57.6°，而与 α-Al$_2$O$_3$(0001)表面基本垂直，如图 4.13 所示。可以看到，H 原子在 α-Al$_2$O$_3$(1$\bar{1}$02)表面从第二层 Al 原子进入 α-Al$_2$O$_3$ 中的 H 原子扩散通道，而 H 原子在 α-Al$_2$O$_3$(0001)表面从第二层 O 原子进入 α-Al$_2$O$_3$ 中的 H 原子扩散通道。

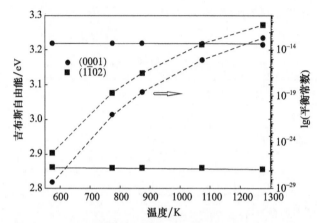

图 4.12　不同温度下 H 原子由不同表面侵入 α-Al$_2$O$_3$ 过程的吉布斯自由能和平衡常数
——吉布斯自由能；……平衡常数。

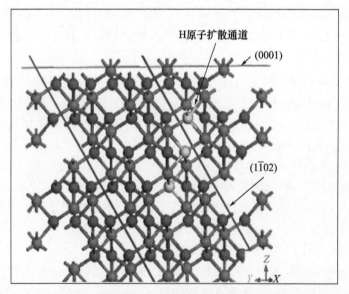

图 4.13　α-Al$_2$O$_3$ 的晶面方向与 H$_i^+$ 扩散通道的结构关系示意图（见彩插）

比较 α-Al$_2$O$_3$ 单胞表面的 H 原子起始侵入点所对应原子层的原子总数发现，(2×2) α-Al$_2$O$_3$(1$\bar{1}$02)面的第二层含 1 个 Al 原子(图 4.14(a))，而(1×1)α-Al$_2$O$_3$(0001)面的第二层则含 2.5 个 O 原子(图 4.14(b))。在渗透过程中，这些吸附位上的 H 原子将同时竞争着向 α-Al$_2$O$_3$ 次表面扩散侵入，因而出现相互干扰效应。由此可以推断，由于 α-Al$_2$O$_3$(1$\bar{1}$02)面 H 原子的起始侵入点密度相对较小，H 原子间的干扰效应相对小些，从而导致 H 原子通

过 α-Al$_2$O$_3$(1$\bar{1}$02)表面侵入需克服的能垒相对于 α-Al$_2$O$_3$(0001)表面侵入需克服的能垒小。

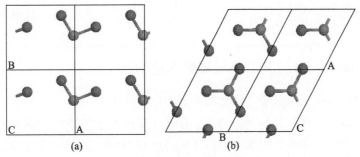

图 4.14　(2×2)α-Al$_2$O$_3$(1$\bar{1}$02)表面和(0001)表面原子结构图(见彩插)

(a)(1$\bar{1}$02)表面；(b)(0001)表面。

综上所述，H 原子由 α-Al$_2$O$_3$(1$\bar{1}$02)表面侵入体相中不仅在热力学上占优，而且在动力学上也占优。因此，H 原子将优先通过(1$\bar{1}$02)表面扩散侵入 α-Al$_2$O$_3$ 中。

图 4.15 为 α-Al$_2$O$_3$ 单晶在 950℃充氘 120h 后的红外光谱(IR)。所获得的 IR 波数范围与文献报道的 OD$^-$、OH$^-$ 的 IR 峰值接近[16-17]，如表 4.3 所列。因此，可以认为 D、H 原子与 α-Al$_2$O$_3$ 晶体内 O 原子成键而出现 OD$^-$ 和 OH$^-$ 的 IR 峰。由图 4.15 可以看到，α-Al$_2$O$_3$(1$\bar{1}$02)单晶的 IR 吸收系数明显高于 α-Al$_2$O$_3$(0001)单晶的 IR 吸收系数。因此，根据红外光谱理论可得，通过 α-Al$_2$O$_3$(1$\bar{1}$02)表面扩散侵入体相中的 D 量高于通过 α-Al$_2$O$_3$(0001)表面侵入的。

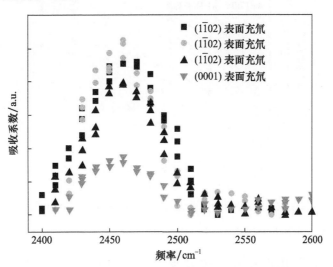

图 4.15　高温充氘 α-Al$_2$O$_3$ 单晶的红外光谱(见彩插)

表 4.3　含 H(D)α-Al$_2$O$_3$ 单晶的红外光谱峰

T/K	OH$^-$峰值/cm^{-1}	OD$^-$峰值/cm^{-1}	充氢方法	文献
300	3281.7	2458.7	热扩散	[10]
300	3279.1	2436.9	热扩散	[16]

续表

T/K	OH⁻峰值/cm⁻¹	OD⁻峰值/cm⁻¹	充氢方法	文献
300	3183.7,3231.4,3278.3,3309.3	2374.3,2406.4,2437.4,2458.6	电化学扩散	[17]

4.1.4 α-Al₂O₃阻氚涂层阻滞氢渗透的作用机理

1. α-Al₂O₃阻氚涂层阻滞氢渗透的动力学作用机理

基于α-Al₂O₃单晶与氢的相互作用,采用过渡态速率理论可以获得在典型阻氚涂层工作环境下(0.2~1000kPa,500~700℃)H_2分子的解离速率(r_{H_2})与H原子的扩散速率(r_H)。然后,根据动力学概念(当$r_{H_2} \leqslant r_H$时,H_2分子解离控制氢渗透;当$r_{H_2} \geqslant r_H$时,氢扩散控制氢渗透)确定α-Al₂O₃氢渗透的决速步,并结合相应的氢行为机制,揭示α-Al₂O₃阻滞氢渗透的动力学作用机理。在热力学方面,可以通过比较间隙H离子的形成能和扩散能,揭示α-Al₂O₃阻滞氢渗透的热力学作用机理。

在0~900℃温度范围内,α-Al₂O₃中H原子的扩散速率如图4.16所示。可以看到,α-Al₂O₃中H原子的扩散速率非常小,特别是在0~300℃范围,此后H原子的扩散速率随着温度的升高而显著增大。在0.2~1000kPa、0~900℃下,α-Al₂O₃表面H_2分子的解离速率如图4.16所示。可以看到,α-Al₂O₃($1\bar{1}02$)表面H_2分子的解离速率随着温度和压力的升高而显著增大。

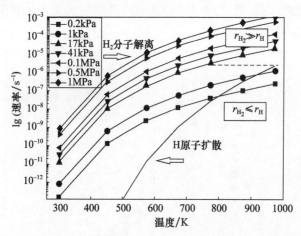

图4.16 α-Al₂O₃中H原子扩散速率r_H(H_2分子解离速率r_{H_2})与温度和压力的关系
(方框部分示出了在0.2~1000kPa、500~700℃下,氢渗透过程的决速步)

在500~700℃下,比较图4.16中H原子扩散和H_2分子解离的速率,可以看到,α-Al₂O₃中氢渗透过程的控制机制随外界环境的变化而变化。其中,当氢气压力高于17kPa时,H_2分子解离速率的数量级为10^{-6}~10^{-3},H原子扩散速率的数量级为10^{-9}~10^{-6}。由此可见,此时α-Al₂O₃中的氢渗透过程由α-Al₂O₃中的H原子扩散控制。当H_2压力低于1kPa时,H_2分子的解离速率明显小于H原子的扩散速率,这表明α-Al₂O₃中的氢渗透过程由表面H_2分子的解离控制。因此,根据上述决速步的变化情况,结合

α-Al_2O_3($1\bar{1}02$)表面上 H 原子扩散和 H_2 分子解离的机制,可以得出,α-Al_2O_3 阻滞氢渗透的作用机理如图 4.17 所示。当 H_2 渗透压力高于 17kPa 时,H 原子围绕 α-Al_2O_3($1\bar{1}02$)表面第 3 层 O 原子的旋转阻滞 α-Al_2O_3 中的氢渗透过程;当压力低于 1kPa 时,H_2 分子在 α-Al_2O_3($1\bar{1}02$)表面的第 2 层和第 4 层的 Al 原子间位置的极性解离阻滞 α-Al_2O_3 中的氢渗透过程。由此可见,基于 DFT 方法的过渡态速率理论研究揭示了 α-Al_2O_3 阻滞氢渗透的具体作用机理。

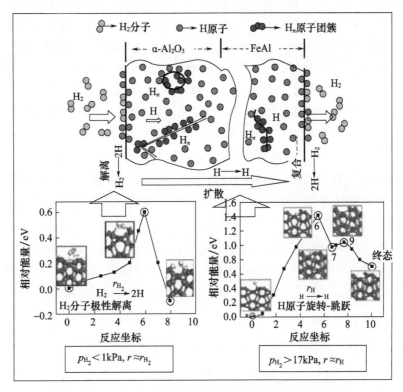

图 4.17　α-Al_2O_3 阻滞氢渗透作用机理的示意图(见彩插)

2. α-Al_2O_3 阻氚涂层阻滞氢渗透的热力学作用机理

比较表 4.2 中 H_i^+ 的形成能与其扩散能的大小发现,H_i^+ 的形成能是其扩散能垒的三倍左右(缺陷形成能越高,其浓度越低)。由此可见,H_i^+ 的形成是 H 元素在 α-Al_2O_3 输运过程中的决速步,即平衡状态下间隙 H 原子的浓度极低,是 α-Al_2O_3 涂层材料在热力学上能阻滞氢渗透的主要原因。分析电子态密度发现,随着 O 原子位置逐渐由 α-Al_2O_3 表面向其体相移动,O 原子的 s、p 态区间展宽,且向高能级移动,导致其 s、p 态与 H 原子 s 态交叠密度减少。由此可见,α-Al_2O_3 体相中 H 原子的稳定性相对于表面中 H 原子的稳定性要低[10]。

4.1.5　Cr 对 α-Al_2O_3 中 H 相关缺陷的影响

Fe-Al 合金表面 Al_2O_3 膜的形成、形貌、致密性、成分和晶体类型将因基体元素 Cr 的存在而大受影响[18],形成富 Al_2O_3 的氧化膜,即 Cr_2O_3 和 Al_2O_3 的固溶体或混合氧化膜,

尽管前者在 Al_2O_3 膜中所占比例相当小。研究表明，Cr 有助于 $\alpha-Al_2O_3$ 的形成，表明在某些方面 Cr 对 Al_2O_3/Fe-Al 复合阻氚涂层有利，因为 $\alpha-Al_2O_3$ 比其他任何亚稳态 Al_2O_3 相的阻氢渗透性能更好。然而，氢渗透实验显示，Fe-Al 合金表面形成的 Al_2O_3 膜越纯，铝化物阻氚涂层的氚 PRF 越高[19]，表明 Cr 的存在对铝化物阻氚涂层是不利的。因此，对 Cr 在铝化物阻氚涂层阻氢渗透性能中的作用就出现了争议。为此，向鑫等[20-22]对 Cr 掺杂是如何影响 $\alpha-Al_2O_3$ 中 H 原子行为的反应机理进行了澄清。

1. Cr 对 $\alpha-Al_2O_3$ 中 H 相关缺陷的影响

贫氧及富氢条件下，Cr 掺杂前后 $\alpha-Al_2O_3$ 中各种价态 H 相关缺陷和空位型缺陷的形成能随能级的变化关系如图 4.18 所示，图中仅显示了每种缺陷的最稳定电荷态。Cr 掺杂前后，$\alpha-Al_2O_3$ 的费米能级发生了明显的位移。在含氢 $\alpha-Al_2O_3$ 中一相当宽的能级范围内，在各种带电缺陷之间，H_O^+ 和 $[V_{Al}^{3-}-H^+]^{2-}$ 的形成能最小，且相应的形成能线相交于 4.12eV。因此，可确定费米能级（ε_F）位于 4.12eV 处，与纯 $\alpha-Al_2O_3$ 相比，向价带移近了 0.28eV。另一方面，在含 Cr 和 H 原子的 $\alpha-Al_2O_3$ 中，以及在所有正电性缺陷中，在相当宽的能级范围内，H_O^+ 无疑具有最低的形成能；而 $[V_{Al}^{3-}-H^+]^{2-}$ 比其他负电性缺陷，即 H_O^-、H_i^- 和 V_{Al}^{3-}，有相对宽一些的能级范围，如图 4.18(b)所示。然而，在大于 3.2eV 的能级范围，H_O^+ 不是最稳定的 H_O 形式。因此，绘制出 H_O^+ 的形成能随能级（$\varepsilon_F \geq$ 3.2eV）的变化趋势，与 $[V_{Al}^{3-}-H^+]^{2-}$ 线相交于 $\varepsilon_F = 5.02eV$。故可确定费米能级位于 $\varepsilon_F = 5.02eV$ 处，与纯 $\alpha-Al_2O_3$ 相比，向导带移近了 0.62eV，即 Cr 掺杂前后在含 H 原子的 $\alpha-Al_2O_3$ 中，费米能级发生了 0.9eV 的位移。因此，Cr 掺杂后，$\alpha-Al_2O_3$ 中 H 相关缺陷的平衡态变成 H_O^-、$[V_{Al}^{3-}-H^+]^{2-}$ 和 H_i^-，而相对稳定性则为 $H_O^- > H_i^+ > [V_{Al}^{3-}-H^+]^{2-}$。

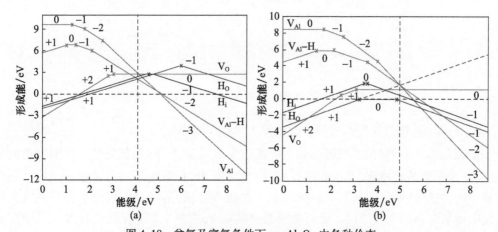

图 4.18 贫氧及富氢条件下，$\alpha-Al_2O_3$ 中各种价态
H 相关缺陷和空位型缺陷的形成能随能级的变化关系（见彩插）
(a)Cr 掺杂前；(b)Cr 掺杂后。

Cr 掺杂前后，H 相关缺陷的形成能如表 4.4 所列。与纯 $\alpha-Al_2O_3$ 中所有 H 相关缺陷的形成能相比，$\alpha-Al_2O_3$ 中每种 H 相关缺陷的形成能将因 Cr 的掺杂显著降低。特别是对于最稳定缺陷 H_O^-，其形成能为负，意味着在 Cr 掺杂 $\alpha-Al_2O_3$ 中，H_O^- 在热力学上是稳定的。而且，Cr 掺杂后，这三种 H 相关缺陷间的形成能差异增大，最高可达 1.92eV

（$[V_{Al}^{3-}-H^+]^{2-}$相对于H_O^-），而最低为0.66eV（H_i^-相对于H_O^-）。综上所述，在Cr掺杂α-Al_2O_3中，H_O^-将占主导，同时H_i^-也将占相当大的比例，但$[V_{Al}^{3-}-H^+]^{2-}$仅占很小比例。总之，Cr对α-Al_2O_3中H相关缺陷（H_O、H_i和$[V_{Al}-H]$）的形成有利。

表4.4 贫氧及富氢条件下，Cr掺杂前后，在α-Al_2O_3中平衡态H相关缺陷和空位型缺陷的形成能　　单位：eV

缺陷	H_O^+	H_O^-	H_i^+	H_i^-	$[V_{Al}^{3-}-H^+]^{2-}$	V_O^0	V_{Al}^{3-}
未掺杂	2.11	—	2.47	—	2.11	2.78	2.13
Cr掺杂	—	-0.36	—	0.30	1.56	1.04	3.43

2. Cr对α-Al_2O_3中H原子与本征点缺陷相互作用的影响

Cr掺杂前后，α-Al_2O_3中H相关缺陷的结合能如表4.5所列。对贫氧及富氢条件下的纯α-Al_2O_3而言，在费米能级4.12eV位置，H^+在V_O^0处的占位导致H_O^+的形成，且H^+和V_O^0间的结合能为正（3.14eV），表明二者间存在吸引作用，即H^+极易被V_O^0捕陷。Cr掺杂后，在费米能级5.02eV位置，H_i的稳定价态变为-1，因此H^-在V_O^0处的占位导致了H_O^-的形成。然而，H^-和V_O^0间的结合能急剧降低到1.70eV，表明α-Al_2O_3中H和V_O^0间的吸引作用因Cr的引入而弱化，尽管H^-仍将被V_O^0捕陷。

表4.5 贫氧及富氢条件下，Cr掺杂前后，α-Al_2O_3中H相关缺陷的结合能（E_b）及H原子与最近邻O原子间的距离（d_{O-H}）

H相关缺陷	E_b/eV		d_{O-H}/Å	
	未掺杂	Cr掺杂	未掺杂	Cr掺杂
H_O^+	3.14	—		
H_O^-	—	1.70		
$[V_{Al}^{3-}-H^+]^{2-}$	3.32	3.30	0.995	0.995
H_i^+			1.006	
H_i^-				2.041

对于$[V_{Al}^{3-}-H^+]^{2-}$复合物，Cr掺杂前后，在α-Al_2O_3中各自的费米能级位置，H^+和V_{Al}^{3-}间的结合能几乎保持相等，但仍比H_O的大，如表4.5所列。因此，掺杂的Cr对α-Al_2O_3中H^+和V_{Al}^{3-}间的吸引作用的影响很小，这也可以从H原子与最近邻O原子间的距离（d_{O-H}）中看出。Cr掺杂前后，在α-Al_2O_3中，H^+均会与V_{Al}^{3-}六个最近邻O原子中的一个成键，且H—O距离不变（0.995Å），稍大于H_2O分子中H—O键长的实验值。

对于纯α-Al_2O_3中的H_i^+，其将与处于同一八面体间隙中的一个O原子成键，键长为1.006Å；而在Cr掺杂的α-Al_2O_3中，H_i与O原子间的距离将增大一倍（2.041Å）。很明显，Cr掺杂后，H_i^-和近邻O原子间存在排斥作用，完全不同于纯α-Al_2O_3中H_i^+与近邻O原子间的吸引作用。原因可归于负价O原子与H_i间库仑相互作用的变化，因为α-Al_2O_3中H_i的平衡价态将因Cr的掺杂从+1价变为-1价。

H_O^+、H_O^-和$[V_{Al}^{3-}-H^+]^{2-}$的结合能为正（表4.5）表明，无论Cr掺杂与否，在α-Al_2O_3

中 H_i 均将被 V_O^0 和 V_{Al}^{3-} 捕陷。然而,正的结合能并不能保证该缺陷复合物的必然形成,结合能还需高于缺陷复合物组成部分中最大的形成能值[23]。在纯 α-Al_2O_3 中,H_O^+ 的结合能高于其组成部分即 H_i^+ 和 V_O^0 的形成能,表明 α-Al_2O_3 中必将形成 H_O^+,如表4.4 和表4.5 所列。同时,H_O^+、H_i^+ 和 V_O^0 的形成能处于同一水平,也就是说,它们可能在 α-Al_2O_3 中共存,尽管 H_O^+ 将占相对更大的比例。对于纯 α-Al_2O_3 中的 $[V_{Al}^{3-}-H^+]^{2-}$,也将出现类似现象。Cr 掺杂后,可以判断出 H_O^- 必定在 α-Al_2O_3 中形成,且 H_O^- 将在 H_O^-、H_i^- 和 V_O^0 间占主导地位。然而,在 Cr 掺杂 α-Al_2O_3 中,$[V_{Al}^{3-}-H^+]^{2-}$ 的结合能比 V_{Al}^{3-} 的形成能稍小(表4.4 和表4.5)。综上所述,Cr 掺杂后在 α-Al_2O_3 中 $[V_{Al}^{3-}-H^+]^{2-}$ 可能与 V_{Al}^{3-} 共存,尽管后者的形成能更高。因此,在纯 α-Al_2O_3 中,H_i^+、V_{Al}^{3-} 和 V_O^0 很可能与 $[V_{Al}^{3-}-H^+]^{2-}$ 及 H_O^+ 共存。然而,在 Cr 掺杂 α-Al_2O_3 中,H_O^- 将在 H_i^-、V_{Al}^{3-}、V_O^0 和 $[V_{Al}^{3-}-H^+]^{2-}$ 间占主导地位。

3. Cr 对 α-Al_2O_3 中平衡态 H 相关缺陷扩散势垒和激活能的影响

Cr 掺杂后(H_i^-、H_O^-、$[V_{Al}^{3-}-H^+]^{2-}$)α-Al_2O_3 中平衡态 H 相关缺陷的自扩散激活能如表4.6 所列。从表4.6 中可以看出,α-Al_2O_3 中 H_i 的自扩散激活能将因 Cr 的掺杂而急剧降低。显然,Cr 对 α-Al_2O_3 中 H_i 的扩散有利,但却将对 α-Al_2O_3 涂层的阻氢性能不利。

表4.6 贫氧及富氢条件下,Cr 掺杂前后,α-Al_2O_3 中
平衡态 H 相关缺陷自扩散的迁移能 E_m 和激活能 Q

H 相关缺陷	未掺杂			Cr 掺杂		
	H_i^+	$[V_{Al}^{3-}-H^+]^{2-}$	H_O^+	H_i^-	$[V_{Al}^{3-}-H^+]^{2-}$	H_O^-
E_m/eV	1.96	5.88	6.93	1.10	6.92	6.97
Q/eV	4.43	7.99	9.04	1.40	8.48	6.61

Cr 掺杂后,$[V_{Al}^{3-}-H^+]^{2-}$、H_O^- 两缺陷的迁移能均增大,几乎高达 7.0eV。通常情况下,平衡态如此高的迁移势垒意味着在 α-Al_2O_3 中几乎不可能发生 $[V_{Al}^{3-}-H^+]^{2-}$、H_O^- 的直接扩散。有趣的是,在 α-Al_2O_3 中 $[V_{Al}^{3-}-H^+]^{2-}$ 的自扩散激活能将因 Cr 而增大,但 H_O 的激活能却将显著下降,可能源于 Cr 掺杂 α-Al_2O_3 中 H_O^- 形成能的明显降低。另一方面,α-Al_2O_3 中平衡态 H 相关缺陷复合物的稳定性可由其解离能(通过缺陷复合物的结合能与 H_i 的迁移能之和来估算)进一步表征。结合表4.5 的计算结果,在纯 α-Al_2O_3 中,$[V_{Al}^{3-}-H^+]^{2-}$ 和 H_O^+ 的解离能分别为 5.27eV 和 5.09eV,Cr 掺杂后将分别降低至 4.40eV 和 2.80eV。然而,$[V_{Al}-H]$ 和 H_O 复合物的解离能都比相应的迁移能小,表明这些 H 相关缺陷复合物很可能在高温解离释放出被捕陷的 H 原子,从而有助于材料中的 H 原子输运,可能以 H_i 的形式,而不是通过复合物的直接扩散。这种趋势将因 Cr 的掺杂进一步增强。

因此,在纯的及 Cr 掺杂的 α-Al_2O_3 中,其主要的扩散物分别为 H_i^+ 和 H_i^-。Cr 掺杂后,在 α-Al_2O_3 中 H_i^- 的扩散激活能降低至 1.40eV。如此小的能量可以使 H_i^- 较容易扩散。同时,通过比较发现,在纯 α-Al_2O_3 中 H_i^+ 的形成能高于迁移能(表4.6),表明形成

能是激活能的关键项,即在纯 α-Al_2O_3 中 H_i^+ 的形成是 H_i^+ 扩散的决速步。对于 Cr 掺杂 α-Al_2O_3,因在激活能中的迁移能更高,H_i^- 的迁移将是 H_i^- 扩散的决速步。另一方面,H 相关缺陷复合物的结合能因 Cr 的掺杂而降低,这表明 Cr 的添加使 α-Al_2O_3 中空位型缺陷对 H 原子的捕陷能力下降,增加了 H 原子的迁移率,降低了 H 原子迁移的激活能。综上所述,Cr 对 α-Al_2O_3 中的 H 原子扩散有利,但却对 Al_2O_3/Fe-Al 涂层的阻氢渗透性能不利。

Cr 掺杂前后 α-Al_2O_3 中 H_i 扩散的过程如图 4.19 所示。在纯 α-Al_2O_3 中,H_i^+ 的扩散包括两个步骤:①H_i^+ 从初始成键的 O 原子到相同八面体间隙内另一 O 原子层中的另一个 O 原子的螺旋运动,其中发生了 H—O 键的断裂和重新形成,并伴随有 H—Al 键的形成和断裂(初态—状态 10);②H_i^+ 从一个成键 O 原子跳跃到同一原子层但处于相邻的不同八面体间隙内的另一个 O 原子,其中发生了 H—O 键的断裂和重新形成(状态 10—终态)。

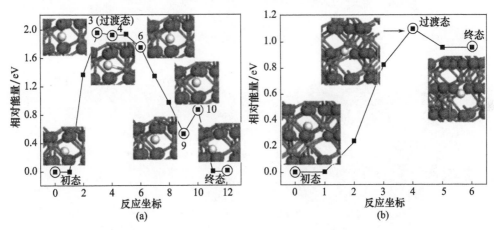

图 4.19　未掺杂和 Cr 掺杂 α-Al_2O_3 中 H_i 非局域扩散的势能曲线及其原子构型图(见彩插)
(a)未掺杂;(b)Cr 掺杂。

相比之下,在 Cr 掺杂的 α-Al_2O_3 中,H_i^- 的扩散过程要比 α-Al_2O_3 中 H_i^+ 的扩散简单得多,如图 4.19(b)所示。H_i^- 的扩散过程仅有一个步骤,即 H—Cr 键从一个八面体间隙位到相邻八面体间隙位间的重排,而没有发生任何其他 H 相关化学键(H—O 键和 H—Al 键)的断裂、形成或重新形成,导致其扩散激活能比纯 α-Al_2O_3 中的低很多。

4.2　Er_2O_3 中的氢行为

与 Al_2O_3 中氢行为相比,对 Er_2O_3 中氢行为的研究相对薄弱。以日本东京大学为代表的科研机构主要通过理论模拟揭示了 H 原子在 Er_2O_3 中吸附、扩散及渗透等行为;在实验方面,则通过核反应分析(NRA)研究了 Er_2O_3 中 H 的分布行为和扩散机制。

4.2.1　Er_2O_3 中氢行为的理论模拟

在 Er_2O_3 表面上,H 原子将电子转移到表面 Er 原子,并与最近邻的四个 O 原子形成共价键,如图 4.20 所示。在 Er_2O_3 体相中,H 原子占据四面体空位,在 O 原子面上沿 <111> 向的扩散势垒为 0.21eV(四面体间隙位至四面体间隙位),而在 O 原子平面间的扩散势垒为0.41eV(四面体间隙位至八面体间隙位)和1.64eV(八面体间隙位至八面体间隙位)。由此可见,Er_2O_3中H原子扩散主要发生在O原子面的<111>方向(图4.21)[24]。

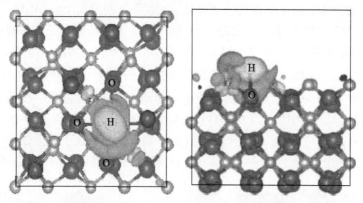

图4.20 H原子吸附在Er_2O_3表面的电荷密度分布图(见彩插)

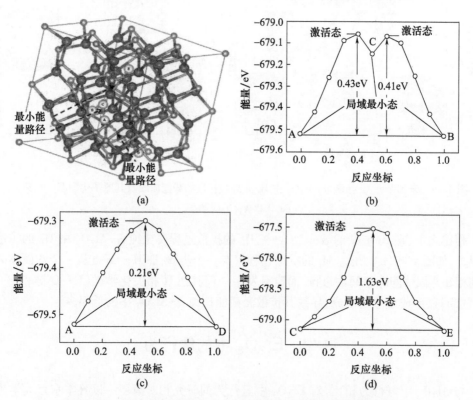

图4.21 中性H原子在Er_2O_3中的扩散路径及相应的势能曲线。
A、B和D表示四面体间隙,C和E表示八面体间隙(见彩插)
(a)H原子可能的扩散路径;(b)路径A—B—C的势能曲线;
(c)路径A—D的势能曲线;(d)路径C—E的势能曲线。

基于Er_2O_3中H的扩散为四面体间隙位至八面体间隙位间的扩散,相应的能垒为0.41eV的事实,通过分子动力学模拟获得了氢同位素在Er_2O_3体相的理论扩散及渗透曲线,如图4.22所示[2]。与实验数据相比,500℃下D在Er_2O_3中的渗透率低至少10

个数量级,表明氢同位素在 Er_2O_3 中的溶解、扩散和渗透主要是通过晶界而不是通过晶粒。

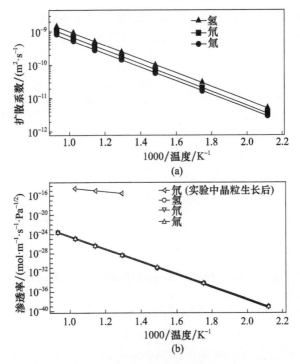

图 4.22　Er_2O_3 中氢同位素的扩散系数和渗透率随温度的变化曲线
(a)扩散系数;(b)渗透率。

4.2.2　Er_2O_3 中氢行为的实验研究

Si(100)基底表面准单晶 Er_2O_3(110)薄膜的 XRD 图谱如图 4.23[25]所示。由图 4.24 计算

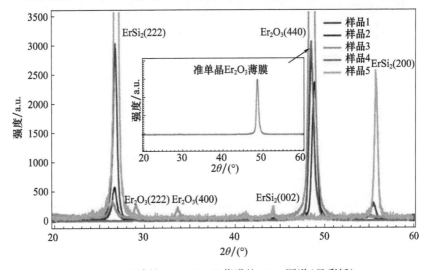

图 4.23　准单晶 Er_2O_3(110)薄膜的 XRD 图谱(见彩插)

可得,600℃下,准单晶 Er_2O_3(110)薄膜中 H 的溶解度、扩散系数和渗透率分别为$(1.1\pm0.2)\times 10^2 mol\cdot m^{-3}$、$(7.2\pm1.4)\times 10^{-22} m^2\cdot s^{-1}$ 和 $(3.8\pm1.5)\times 10^{-22} mol\cdot m^{-1}\cdot s^{-1}\cdot Pa^{-1/2}$[25]。准单晶 Er_2O_3 薄膜中 H 的渗透率远高于理想 Er_2O_3 块材的 H 的渗透率($10^{-27} mol\cdot m^{-1}\cdot s^{-1}\cdot Pa^{-1/2}$ 数量级),表明薄膜中的残余缺陷(如微孔)将导致氢渗透率升高。

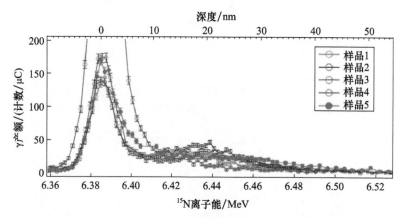

图 4.24 准单晶 Er_2O_3(110)薄膜中的 H 分布谱图(见彩插)

采用离子镀技术制备的 Er_2O_3 涂层中的氘原子浓度为 0.03%~0.05%,而通过 MOD 技术制备的涂层中,氘原子浓度由于碳杂质的捕获作用约为 2%[26]。随着晶界密度的增加,涂层中的氢浓度随着深度的增加而降低(图 4.25)。涂层中氘的面分布具有网状结构(图 4.26),表明氘通过晶界扩散。

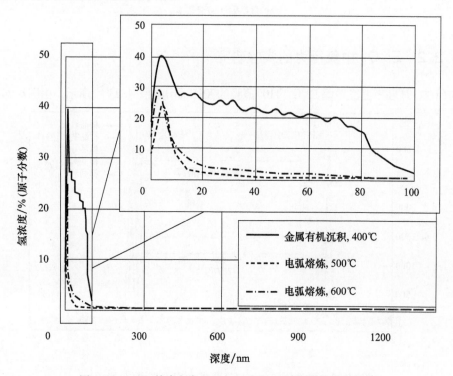

图 4.25 MOD 技术制备的 Er_2O_3 涂层中氢的深度分布曲线

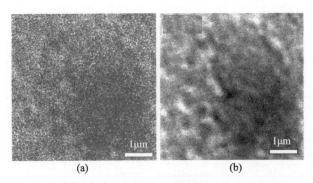

图4.26 MOD 技术制备的 Er_2O_3 涂层中氚和 C^{12} 的面分布
(a)氚;(b)C^{12}。

4.3 氢致氧化物阻氚涂层材料损伤行为

传统观点倾向于认为氧化物陶瓷材料具有良好的化学惰性。因此,在研究中常常忽视氢对氧化物材料的作用。然而,近年来的研究表明,氢的侵入能够对许多氧化物材料的性能产生影响。

4.3.1 氢同位素对氧化物阻氚涂层材料结构的影响

使用陶瓷、单晶和粉末三种不同形态的 α-Al_2O_3 材料对比研究了氢同位素对其晶体结构的影响[27]。通过氢分析仪测定了高温氢处理前后这些氧化物材料中的氢含量,如表4.7所列。在氢处理后,氢原子将扩散进入氧化物材料中,从数值上看只有百万分之零点几,含量非常少。

表4.7 高温氢处理前后不同氧化物中的氢含量

方式	α-Al_2O_3 陶瓷	α-Al_2O_3 单晶	Er_2O_3 陶瓷	Y_2O_3 陶瓷
退火/10^{-6}	0.076	0.05	0.005	0.01
氢处理/10^{-6}	0.38	0.37	0.41	0.35

图4.27是不同形态 α-Al_2O_3 材料经过600℃高温氢处理前后的 XRD 谱图和中子衍射图谱。从图4.27(a)、(c)中可以看出,α-Al_2O_3 陶瓷和粉末在高温氢气氛中处理后的晶型和物相都很稳定,没有发生变化。图4.27(b)显示,α-Al_2O_3 单晶经过高温氢处理后(006)晶面的峰位发生了位移。衍射角变小说明其晶格间距增大,但这一现象在陶瓷和粉末试样其他晶面的衍射峰中并没有观察到。由于在陶瓷和粉末试样中也没有观察到(001)晶面的衍射峰,这一现象可能是由晶面效应引起的,也可能是材料不同形态导致的差异。对 α-Al_2O_3 粉末试样进行了中子衍射实验(图4.27(d)),在更精细的衍射图谱中观察到 α-Al_2O_3 粉末试样的(006)晶面和其他的晶面衍射峰一样,都没有发生偏移。这说明高温氢原子并不是对 α-Al_2O_3 晶体特定的(006)晶面产生峰位偏移的影响,而是对不同形态的 α-Al_2O_3 材料产生影响。

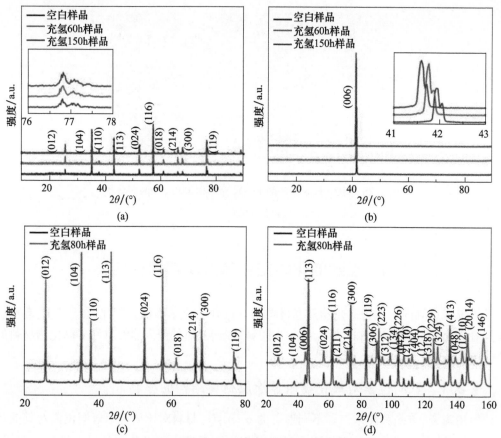

图 4.27 不同形态 α-Al_2O_3 在 600℃热处理(空白样品)和
氢处理后的 XRD 图谱及中子衍射图谱(见彩插)
(a)陶瓷 XRD 图谱;(b)单晶 XRD 图谱;(c)粉末 XRD 图谱;(d)粉末中子衍射图谱。

图 4.28 是 α-Al_2O_3 粉末试样经过高温退火和氢处理后的高分辨透射电子显微镜图[28]。从图 4.28(a)中可以看到,在高温退火的 α-Al_2O_3 试样中,晶格点阵排列有序,没有观察到缺陷产生。从图 4.28(b)中可看到,经过高温氢处理的 α-Al_2O_3 试样晶格点阵排列不完整,并出现了多处晶格畸变,说明氢原子同样能引起 α-Al_2O_3 粉末材料晶格的变形,只是这种形变非常微小,从宏观上用 XRD 观察不到。

图 4.28 600℃热处理及氢处理后 α-Al_2O_3 的 HRTEM 图
(a)热处理;(b)氢处理。

Er_2O_3 和 Y_2O_3 陶瓷在高温氢气氛中的结构都很稳定(图 4.29)。从 XRD 衍射谱图中可以看到,它们的晶型没有发生变化,峰位也没有偏移。但是,在制备成涂层材料后,Er_2O_3 涂层在高温氢气氛中的稳定性更优于 Y_2O_3 涂层的[28]。从图 4.30 中可看到,Er_2O_3 涂层经过长时间的高温氢处理后,其晶型和晶相都没有发生明显变化。然而,Y_2O_3 涂层在经过 40h 的高温氢处理后,(222)晶面和(400)晶面的衍射峰都发生了明显变化,(222)晶面的衍射峰减弱,而(400)晶面的衍射峰增强。Y_2O_3 涂层经高温氢处理后晶体结构改变的原因有多种,包括涂层的制备方法、基底材料、厚度等。从目前的数据来看,氢原子在高温下进入 Y_2O_3 涂层后,能使材料晶格发生重排,并可使晶面取向发生改变;在 Er_2O_3 涂层中并没有观察到这一现象。因此,从晶体结构的稳定性来看,Er_2O_3 比 Y_2O_3 更适合作为阻氚涂层材料。

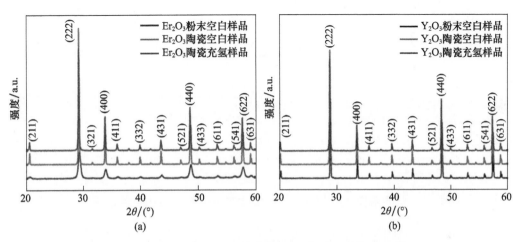

图 4.29　Er_2O_3 和 Y_2O_3 陶瓷在 600℃氢处理后的 XRD 图
(a)Er_2O_3;(b)Y_2O_3。

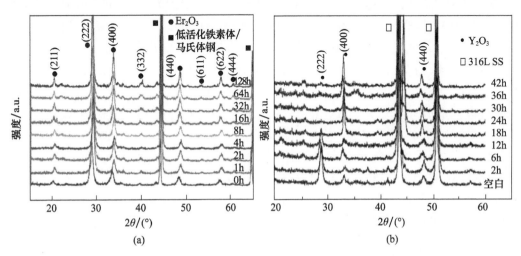

图 4.30　Er_2O_3 和 Y_2O_3 涂层在 700℃氢处理后的 XRD 图(见彩插)
(a)Er_2O_3;(b)Y_2O_3。

4.3.2 氢同位素对氧化物阻氚涂层材料力学性能的影响

α-Al_2O_3 陶瓷和单晶试样经过较长时间高温退火处理后,其硬度基本没有变化,如图 4.31 所示。α-Al_2O_3(0001) 单晶的硬度基本上在 1500kgf/mm^2(1kgf/mm^2≈9.8MPa) 左右,α-Al_2O_3 陶瓷的硬度基本上在 1000kgf/mm^2 左右。因此,α-Al_2O_3 材料长期处在高温环境中是稳定的[28]。

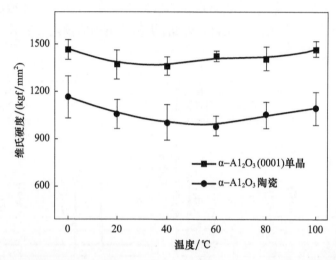

图 4.31 不同温度退火处理后 α-Al_2O_3 陶瓷和 α-Al_2O_3(0001) 单晶的硬度

不同晶面的 α-Al_2O_3 单晶材料在高温氢气氛中的稳定性如图 4.32 所示。从图 4.32 中可以看到,经过 600℃ 氢处理后 α-Al_2O_3 陶瓷和单晶材料的硬度都有所下降,且硬度在处理 15h 后都达到了稳定状态。α-Al_2O_3 陶瓷的硬度在经过 600℃ 氢处理后从 1100kgf/mm^2 下降到 800kgf/mm^2。由于 α-Al_2O_3 晶体的各向异性,不同单晶的硬度也有差别。(1010) 单晶的硬度最大,为 1600kgf/mm^2;(0001) 单晶的硬度最小,只有 1400kgf/mm^2。从硬度下降的程度来看,(1010)、(1102)、(1120) 取向的 α-Al_2O_3 单晶硬度最后都下降到 1300kgf/mm^2 左右,而 (0001) 取向的 α-Al_2O_3 单晶硬度下降至 1100kgf/mm^2 左右,这可能与 α-Al_2O_3 的各向异性有关。图 4.32(b) 是 α-Al_2O_3 陶瓷和单晶材料经过 700℃ 高温氢处理后的硬度变化情况,硬度在处理 20h 后都基本达到稳定状态。对比图 4.32(a)、图 4.32(b) 可以看出,α-Al_2O_3 在高温氢处理后硬度的下降程度基本一致。这说明温度越高,高温氢处理后不同取向的 α-Al_2O_3 单晶在达到稳态后其硬度的差异越小。高温氢处理使 α-Al_2O_3 材料的硬度有所下降,同时其下降的程度和氢原子在其体内的扩散程度与含量有关。氢原子在材料中的扩散与氢处理温度和氢在材料中的溶解度有关,当氢原子在材料中达到饱和时,其硬度也趋于稳定状态。

此外,经过高温氢同位素气氛处理后,α-Al_2O_3 表面的纳米硬度下降。如图 4.33 所示,α-Al_2O_3 单晶的纳米硬度经高温氘处理后从 21.43GPa 下降到 15.3GPa,而经过高温氘处理并老化储存 1.5 年后则下降到 6.23GPa[29]。

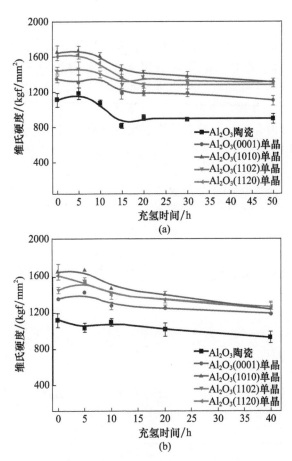

图 4.32 α-Al_2O_3 陶瓷和单晶在氢气氛中处理后的硬度随时间的变化(见彩插)
(a) 600℃；(b) 700℃。

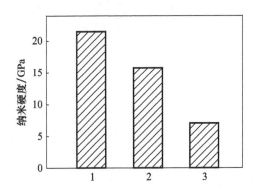

图 4.33 不同气氛处理后 α-Al_2O_3 单晶的纳米硬度
1—空白样；2—高温充氘样；3—高温充氘后老化 1.5 年样。

Er_2O_3 和 Y_2O_3 陶瓷的硬度在高温氢气氛中的稳定性如图 4.34 所示[28]。从图中可以看到，Er_2O_3 陶瓷经过高温氢处理后其硬度略有下降。同时，在 600℃ 和 700℃ 氢处理后其硬度下降的程度差不多，达到稳态后均在 100kgf/mm² 左右。Y_2O_3 陶瓷在高温氢气氛中的硬度变化规律与 Er_2O_3 陶瓷相似，经过 600℃ 和 700℃ 氢处理后其硬度都稳定在

150kgf/mm² 左右。然而，Er_2O_3 和 Y_2O_3 涂层在高温氢气氛中的力学性能的稳定性与陶瓷有很大差别。从图4.35(a)可以看出，Er_2O_3 涂层的膜基结合力在高温氢处理前期会有一个上升的阶段，当达到最大值后又迅速下降至初始值以下，最后缓慢达到稳定。Y_2O_3 涂层的膜基结合力在高温氢处理中的变化规律与 Er_2O_3 涂层相似，随着高温氢处理时间的延长都有一个先升高后下降的过程，最后达到稳定。与 Er_2O_3 涂层不同的是，Y_2O_3 涂层的膜基结合力有一个缓慢下降的过程而没有迅速下降。这可能与二者的制备工艺和基底材料的不同有关。

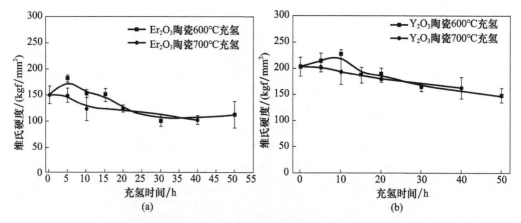

图 4.34　Er_2O_3 和 Y_2O_3 陶瓷硬度随不同氢处理时间的变化
(a) Er_2O_3；(b) Y_2O_3。

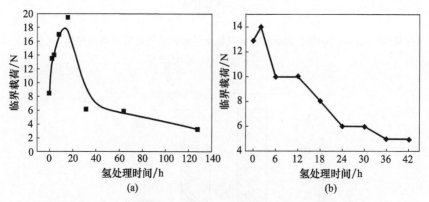

图 4.35　Er_2O_3 和 Y_2O_3 涂层膜基结合力随 700℃ 氢处理时间的变化
(a) Er_2O_3；(b) Y_2O_3。

4.3.3　氢同位素对氧化物阻氚涂层材料电学性能的影响

α-Al_2O_3 陶瓷无论是在空气中退火还是在氢气氛中处理，其电阻率基本没有变化(图4.36)，说明 α-Al_2O_3 陶瓷在高温氢气氛中很稳定[28]。图 4.36 中 α-Al_2O_3 陶瓷在高温氢气氛中电阻率的波动可能源于电阻测量的一些误差。

Er_2O_3 和 Y_2O_3 陶瓷在高温氢气氛中电学性能的稳定性如图4.37所示。从图中可以看出，无论是在高温退火还是在氢处理后，Er_2O_3 和 Y_2O_3 陶瓷的电阻率都没有变化，说明二者在高温氢气氛中都很稳定[30]。

Er_2O_3 和 Y_2O_3 涂层在高温氢气氛中电学性能的稳定性如图 4.38 所示[30]。Er_2O_3 和 Y_2O_3 涂层经过 700℃ 高温氢处理后,其电阻率均下降了 5~6 个数量级,这与二者在高温氢处理后的情形有很大差异。显然,Er_2O_3 和 Y_2O_3 涂层的稳定性在高温氢气氛中受到的

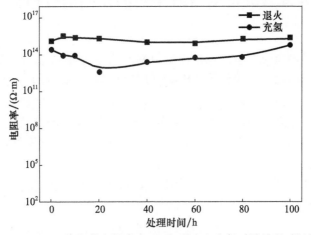

图 4.36 α-Al_2O_3 陶瓷的电阻率在 600℃ 退火和充氢时随处理时间的变化

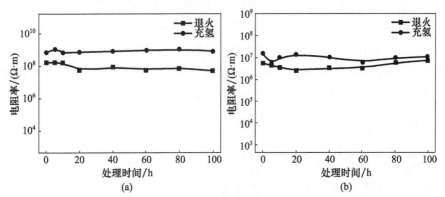

图 4.37 Er_2O_3 和 Y_2O_3 陶瓷的电阻率在 600℃ 退火和充氢时随处理时间的变化
(a)Er_2O_3;(b)Y_2O_3。

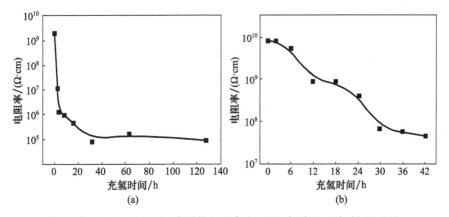

图 4.38 Er_2O_3 和 Y_2O_3 涂层的电阻率在 700℃ 氢处理后随时间的变化
(a)Er_2O_3;(b)Y_2O_3。

影响比陶瓷材料的要大很多,这可能与涂层的基底材料、制备工艺、厚度及结晶程度等有很大关系。

4.4 氧化物阻氚涂层的氚相容性研究

随着国内外聚变堆大规模氚操作的要求,阻氚涂层在涉氚环境下的可靠性将日益受到关注。然而,目前的研究几乎均忽视涂层材料来自氚β衰变造成的辐照损伤与He-3对涂层材料结构、力学和渗透等性能的影响,以及涂层材料对氚组分和纯度的影响,对涂层在涉氚环境下使用的可靠性存疑。20世纪90年代初仅有的两次实验表明,阻氚涂层经氚β射线自辐照老化后性能大幅下降,氚PRF降低达一个量级[31]。由于氚衰变和(n,a)反应,氦杂质极易引入阻氚涂层中。氦的存在和迁移会对天然或人造无机固体的微观结构和物理性质产生强烈影响。因此,需要深入了解阻氚涂层中氚、氘和氦的物理机制及其协同作用,阐明阻氚涂层的成分、物相、表面/界面形貌、厚度、结合力、致密性、氢同位素和He-3的含量以及深度分布等在氚老化期间的演化规律,探究其相关机制,以确定所选材料的长期稳定性,并评估、预测聚变堆中涉氚系统部组件的长期可靠性。

4.4.1 α-Al$_2$O$_3$中的He行为及其对氢扩散行为的影响

He物理吸附在α-Al$_2$O$_3$(0001)表面,其稳定性随He原子与最近邻Al原子的距离的增加而增加[32]。其中,最稳定吸附位为(0001)表面的第四层Al原子正上方(图4.39)。He原子在次表面吸附到八面体间隙位,但稳定性不如自由He原子;次表面对He原子的束缚作用相对表面减弱,这使得He原子难以侵入α-Al$_2$O$_3$次表面。

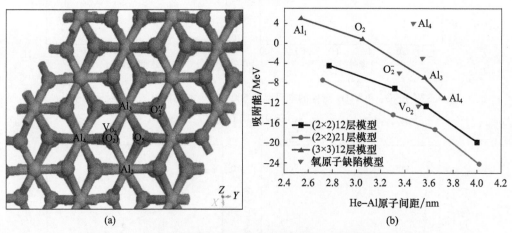

图4.39 α-Al$_2$O$_3$(0001)表面He的可能吸附位及吸附能(见彩插)
(a)可能吸附位;(b)吸附能。

He在α-Al$_2$O$_3$中主要以He$_{Al}^{3-}$、He-He$_{Al}^{3-}$、He$_i$、[V$_O^0$-He]和[O$_i^{2-}$-He]$^{2-}$五种形式存在,但稳定性不如自由He原子[33]。其中,He$_{Al}^{3-}$相对容易形成。随着α-Al$_2$O$_3$中He的增加,[V$_O^0$-He]、[O$_i^{2-}$-He]$^{2-}$和八面体间隙则只容纳1个He原子,而V$_{Al}^{3-}$可容纳1~2个He原子而形成He-He$_{Al}^{3-}$团簇(图4.40)。He在α-Al$_2$O$_3$中以"跳跃"的方式沿c轴方向成螺旋形式在八面体间隙间扩散,相应的扩散能垒高达2.59eV(图4.41)。相对于

He 在 α-Al_2O_3 八面体间隙间的扩散,V_{Al}^{3-} 和 V_O^0 优先捕获 He 形成 He_{Al}^{3-} 和 [V_O^0-He]。H 在含 He 的 α-Al_2O_3 中主要以 H_i^+、[He_i-H^+]$^+$、[He_{Al}^{3-}-H^+]$^{2-}$ 和 [H_O^+-He_i]$^+$ 等形式存在(图 4.42),并且 H 的输运主要仍通过 H_i^+ 以"旋转—跳跃"的方式沿 c 轴方向成螺旋形

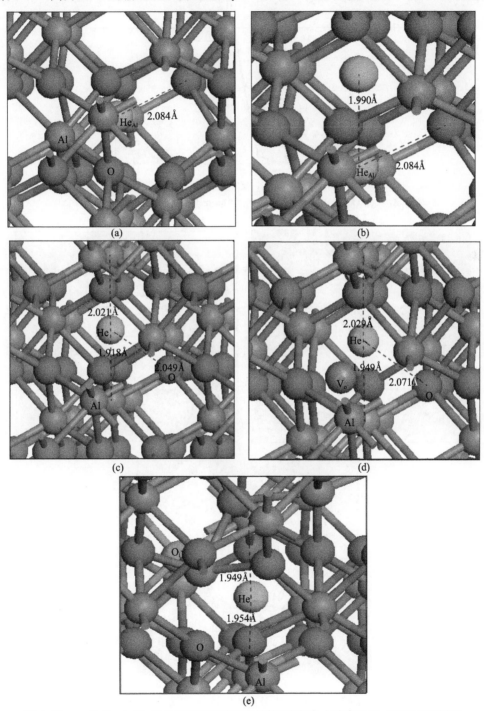

图 4.40 α-Al_2O_3 中 He 相关缺陷的局域原子结构(浅灰色小球表示 He 原子)(见彩插)
(a)He_{Al}^{3-};(b)He-He_{Al}^{3-};(c)He_i;(d)[V_O^0-He_i]^0;(e)[O_i^{2-}-He]$^{2-}$。

式在八面体间隙间扩散完成(图 4.43)。$[He_{Al}^{3-}-H^+]^{2-}$ 和 $[H_O^+-He_i]^+$ 在一定的高温下才能解离成 H_i^+ 参与扩散,意味着 He_{Al}^{3-} 和 $[V_O^0-He]$ 能增强阻氚涂层的性能。

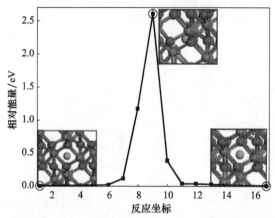

图 4.41　α-Al_2O_3 中 He 原子以"跳跃"的方式扩散的势能曲线(见彩插)

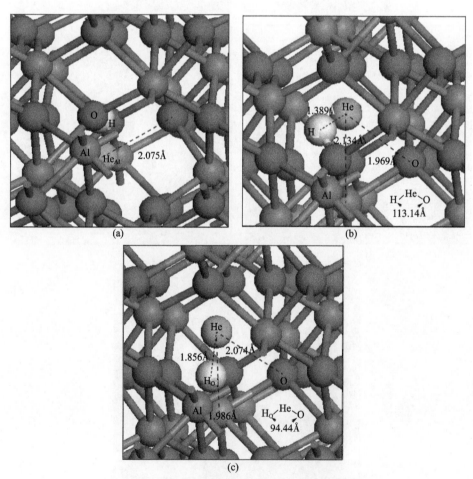

图 4.42　α-Al_2O_3 中 H、He 相关缺陷的局域原子结构
(白色和青色小球分别表示 H 原子和 He 原子)(见彩插)
(a)$[He_{Al}^{3-}-H^+]^{2-}$;(b)$[He_i-H^+]^+$;(c)$[H_O^+-He_i]^+$。

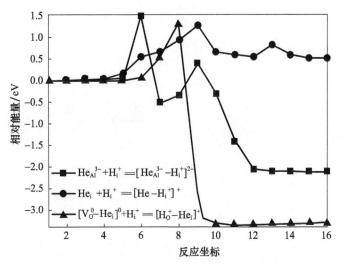

图 4.43 He 对 α-Al₂O₃ 中 H 原子扩散势能曲线的影响

γ-Al₂O₃ 涂层在氚气氛中老化贮存 1.5、2.5 年后，其阻氚性能显著下降，阻氚因子降低至 1/10 左右（图 4.44）。图中渗透曲线基本平行，表明该涂层的氚渗透为面积缺陷机制，即缺陷增加是阻氚因子下降的原因。在裂变堆环境下，Al₂O₃ 涂层的阻氚性能也会出现退化现象[31,34]。因此，离子辐照和离位损伤也可能是阻氚性能下降的原因，这需进一步深入研究。

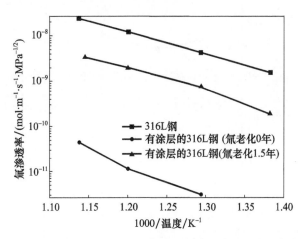

图 4.44 氚老化后 Al₂O₃ 阻氚涂层氚渗透率随温度的变化

与纯 α-Al₂O₃ 相比，含氢 α-Al₂O₃ 正电子湮没谱（PAS）中第一寿命、第二寿命都呈增加趋势（图 4.45）[30]，表明 H 对 α-Al₂O₃ 中的空位型缺陷有稳定作用，与理论模拟结果相符。这是因为 H 的侵入将导致 α-Al₂O₃ 费米能级向导带底（CBM）移动（图 4.9），从而使 V_{Al}^{3-} 和 $[V_{Al}^{3-}-H^+]^{2-}$ 的稳定性增加。α-Al₂O₃ 中氚衰变成 He-3 后，PAS 谱中第一寿命呈下降趋势，表明 H 降低了 α-Al₂O₃ 中的空位型缺陷，与理论模拟结果一致，因为 He 将优先占据 α-Al₂O₃ 中的 V_{Al}^{3-} 而形成 He_{Al}^{3-}。然而，在含氚 α-Al₂O₃ 的 PAS 谱中，第二寿命却呈增加趋势,表明在氚老化过程中大尺寸缺陷呈增加趋势。在 H、He 与 α-Al_2O_3 相互作用过程中,缺陷呈增加趋势(图 4.46),将引起晶格畸变、Al—O 结合强度减弱,从而导致 α-Al_2O_3 表面纳米硬度下降。

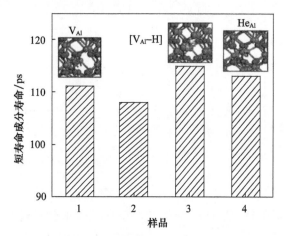

图 4.45　在不同气氛中处理后,α-Al_2O_3 单晶 PAS 谱中的
短寿命成分谱及相应的局域原子结构(见彩插)
1—空白样;2—高温充 Ar 样;3—高温充氚样;4—高温充氚后老化 1.5 年样。

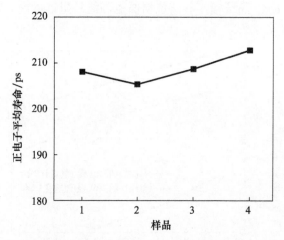

图 4.46　在不同气氛中处理后,α-Al_2O_3 单晶的正电子平均寿命
1—空白样;2—高温充 Ar 样;3—高温充氚样;4—高温充氚后老化 1.5 年样。

4.4.2　Er_2O_3 中的 He 行为

Er_2O_3 薄膜中掺 He 量较小时,Er_2O_3 内未能形成氦泡,但结晶度下降;随着掺 He 量增加,Er_2O_3 内将形成氦泡,且其单斜相更易保持稳定[35]。其中,当 He 分压为 0.1Pa 时,Er_2O_3 薄膜的衍射峰峰位未发生改变,衍射峰峰强较低,如图 4.47 所示。然而,随着 He 分压增加到 0.2Pa,在 30°和 32°附近将出现衍射峰,且峰形较尖锐,该峰主要为单斜相衍射峰。若 He 分压继续增加至 0.3Pa,则 Er_2O_3 薄膜衍射峰的峰强稍微下降,峰形则稍显加宽。另一方面,当 He 分压为 0.1Pa 时,Er_2O_3 薄膜表面基本保持平整,并未因为引入 He 而出现大量的凸起或鼓泡,此时薄膜的结晶度最差,Er_2O_3 为微晶态或非晶态(图 4.48)。在 He 分压较高(0.2Pa,0.3Pa)时,Er_2O_3 薄膜表面变得凹凸不平,出现大量的凸起和鼓泡,且其衍射峰的峰强与未引入 He 时相近。

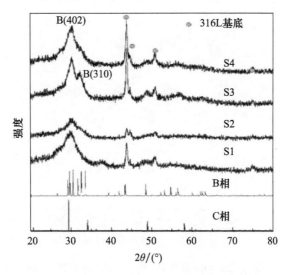

图 4.47 不同 He 分压下,Er_2O_3 薄膜的 XRD 图谱
S1,0Pa;S2,0.1Pa;S3,0.2Pa;S4,0.3Pa。

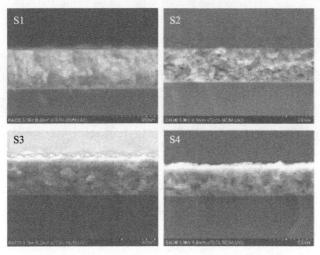

图 4.48 不同 He 分压下,Er_2O_3 薄膜的截面形貌
S1,0Pa;S2,0.1Pa;S3,0.2Pa;S4,0.3Pa。

4.4.3 Y_2O_3 中的 He 行为

在 Y_2O_3 完美晶体中,He 原子占据体积大的 16c 位置(图 4.49)[36]。在含点缺陷的 Y_2O_3 晶体中,单个 He 原子更倾向于占据体积大、电子密度小的 Y 空位和 O 空位近邻的间隙位。由于 Y1 空位附近电子密度小于 16c(图 4.50),Y1 空位处 He 原子的形成能远小于 16c 位置处的,如表 4.8 所列。由表可见,Y_2O_3 晶体中 8b 与 16c 位置的体积大小相近,He 的形成能近似相等;Y1 和 Y2 空位的大小相差不大,He 的形成能差别很小。

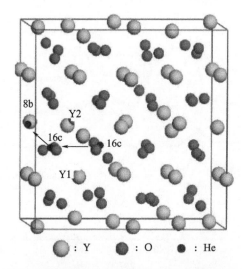

图 4.49 Y_2O_3 点缺陷位置及 He 原子迁移的可能路径 16c→16c→8b

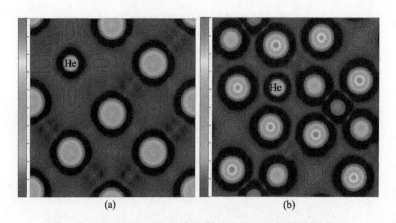

图 4.50 He 位于 Y_2O_3 中缺陷位时的电子密度图(见彩插)

(a)Y1 空位;(b)16c 间隙位。

表 4.8 He 在 Y_2O_3 中不同位置的形成能

He 吸附位置	16c	8b	V_{Y1}	V_{Y2}	V_O
He 形成能/eV	0.732	0.847	0.180	0.234	2.627
空位形成能/eV	—	—	4.330	4.540	6.770
总能量/eV	0.732	0.847	4.510	4.774	9.397

Y_2O_3 中的 He 原子迁移主要通过间隙扩散方式(图 4.49),相应的扩散能垒为 0.4eV。在没有空位存在条件下,He 原子团簇的结合能很小,仅为 0.04eV。在 He 与空位

形成团簇的过程中,O 空位的增加会降低 He 与团簇之间的结合能;与之相反,Y 空位的增加会增大 He 与团簇的结合能,提高团簇捕获 He 原子的能力。

在无空位条件下,He 倾向于分布在不同的间隙位置。多个 He 原子聚集在同一个间隙位置在能量上并不是有利的,如图 4.51 所示。在 Y 空位存在的条件下,He 原子倾向于驻留在体积大、电荷密度小的 Y 空位处,或者以 Y 空位为中心,He 原子呈哑铃型分布在两侧(图 4.52)。由于 Y、O 空位对的形成,O 空位处电荷密度减小,He 原子将被 O 空位捕获,而不会自发弛豫到近邻的间隙位置。由此可见,Y_2O_3 可以作为 He 的捕获位。

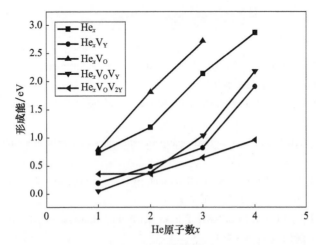

图 4.51 He 空位团簇的形成能与 He 原子数 x 之间的关系

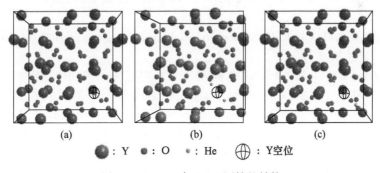

图 4.52 Y_2O_3 中 He_nV 团簇的结构
(a) $n=2$;(b) $n=3$;(c) $n=4$。

4.5 氧化物阻氚涂层的辐照研究

对阻氚涂层的辐照研究目前只有少数个例,且只给出了实验结果,对于由辐照引起变化的内在机理并没有深入地分析。有关辐照对阻氚涂层的微观结构造成的损伤及其演变过程、辐照损伤对涂层的阻氚(电学、力学)等性能的影响、离位损伤与嬗变气体以及氘(氚)的协同效应关系等的研究更未开展。

低活化钢表面沉积的 Er_2O_3 涂层经 0.1dpa 的离子辐照后在 300~500℃下的氚渗透率提高了 1~2 个数量级[37]。Y_2O_3 阻氚涂层经过剂量为 $4.2×10^{20}$ n/cm^2 的中子辐照后,电阻率从 $3×10^{-13}$ Ω/cm 升高至 $1×10^{-9}$ Ω/cm[38]。辐照引起的 Y_2O_3 结晶质量的提高有利于改善其阻氚性能[39]。随着离子辐照剂量的提高(20dpa、40dpa、150dpa),Al_2O_3 涂层中出现了非晶到结晶的转变,且晶粒逐步长大[39],硬度提高,断裂韧性增强[40]。Al_2O_3/Fe-Al 复合阻氚涂层在研究堆内高温水介质下经 300 天辐照后,阻氢同位素渗透性由 DPRF 为 10^3~10^4 量级(360℃)降至仅为 100[41]。

参 考 文 献

[1] CAUSEY R A,KARNESKY R A,MARCHI C S. Tritium barriers and tritium diffusion in fusion reactors[J]. Compr. Nucl. Mater. ,2012,4:511-549.

[2] MAO W,CHIKADA T,SUZUKI A,et al. Hydrogen isotope dissolution,diffusion,and permeation in Er_2O_3[J]. J. Power Sources,2016,303(1):168-174.

[3] SERRA E,BINI A C,COSOLI G,et al. Hydrogen permeation measurements on alumina[J]. J. Am. Ceram. Soc. ,2005,88(1):15-18.

[4] ROBERTS R M,ELLEMAN T S,PALMOUR III H,et al. Hydrogen permeability of sintered aluminum oxide[J]. J. Am. Chem. Soc. ,1976,62(9-10):496-499.

[5] FOWLER J D,CHANDRA D,ELLEMAN T S,et al. Tritium diffusion in Al_2O_3 and BeO[J]. J. Am. Ceram. Soc. ,1977,60(3-4):155-161.

[6] 山常起,吕延晓. 氚与防氚渗透材料[M]. 北京:原子能出版社,2005.

[7] ROY S K,COBLE R L. Solubility of hydrogen in porous polycrystalline aluminum oxide[J]. J. Am. Ceram. Soc. ,1967,50(8):435-436.

[8] LEVCHUK D,KOCH F,MAIER H,et al. Gas-driven deuterium permeation through Al_2O_3 coated samples[J]. Phys. Scr. ,2004,T108:119-122.

[9] 张桂凯. 室温熔盐镀铝-氧化法制备铝化物阻氚层技术研究[D]. 绵阳:中国工程物理研究院,2010.

[10] 张桂凯. $\alpha-Al_2O_3$ 阻氚涂层材料中氢行为的理论研究[D]. 合肥:中国科学技术大学,2014.

[11] ZHANG G K,DOU S P,LU Y J,et al. Mechanisms for adsorption,dissociation and diffusion of hydrogen in hydrogen permeation barrier of $\alpha-Al_2O_3$:the role of crystal orientation[J]. Int. J. Hydrogen Energy,2014,39(1):610-619.

[12] ZHANG G K,WANG X L,YANG F L,et al. Energetics and diffusion of hydrogen in hydrogen permeation barrier of $\alpha-Al_2O_3$/FeAl with two different interfaces[J]. Int. J. Hydrogen Energy,2013,38(18):7550-7560.

[13] ZHANG G K,LU Y J,WANG X L. Hydrogen interactions with intrinsic point defects in hydrogen permeation barrier of $\alpha-Al_2O_3$:a first-principles study[J]. Phys. Chem. Chem. Phys. ,2014,16:17523-17530.

[14] HOLDER A M,OSBORN K D,LOBB C J,et al. Bulk and surface tunneling hydrogen defects in alumina[J]. Phys. Rev. Lett. ,2013,111(6):065901-065906.

[15] RAMÍREZ R,GONZÁLEZ R,COLERA I,et al. Electric-field-enhanced diffusion of deuterons and protons in $\alpha-Al_2O_3$ crystals[J]. Phys. Rev. B,1997,55(1):237-242.

[16] HERBERT E,BATES J B,WANG J C,et al. Infrared spectra of hydrogen isotopes in $\alpha-Al_2O_3$[J]. Phys. Rev. B,1980,21(4):1520-1526 .

[17] RAMÍREZ R, COLERA I, GONZÁLEZ R. Hydrogen-isotope transport induced by an electric field in α-Al_2O_3 single crystals[J]. Phys. Rev. B,2004,69(1):14302-14310.

[18] XIANG X,WANG X,ZHANG G,et al. Preparation technique and alloying effect of aluminide coatings as tritium permeation barriers:a review[J]. Int. J. Hydrogen Energy,2015,40(9):3697-3707.

[19] FORCEY K S,ROSS D K,SIMPSON J C B,et al. The use of aluminising on 317 austenitic and 1.4914 martensitic steels for the reduction of tritium leakage from the net blanket[J]. J. Nucl. Mater. ,1989,161(2):108-116.

[20] XIANG X,ZHANG G,WANG X,et al. A new perspective on the process of intrinsic point defects in α-Al_2O_3[J]. Phys. Chem. Chem. Phys. ,2015,17:29134-29141.

[21] XIANG X,ZHANG G,YANG F,et al. An insight to the role of Cr in the process of intrinsic point defects in α-Al_2O_3[J]. Phys. Chem. Chem. Phys. ,2016,18:6734-6741.

[22] XIANG X,ZHANG G,YANG F,et al. Cr effect on hydrogen interactions with intrinsic point defects and hydrogen diffusion in α-Al_2O_3 as tritium permeation barriers[J]. J. Phys. Chem. C,2016,120(17):9535-9544.

[23] VARLEY J B,PEELAERS H,JANOTTI A,et al. Hydrogenated cation vacancies in semiconducting oxides[J]. J. Phys. Condens. Mat. ,2011,23:334212.

[24] MAO W,CHIKADA T,SHIMURA K,et al. Energetics and diffusion of hydrogen in α-Al_2O_3 and Er_2O_3[J]. Fusion Eng. Des. ,2013,88(9-10):2646-2650.

[25] MAO W,WILDE M,CHIKADA T,et al. Fabrication and hydrogen permeation properties of epitaxial Er_2O_3 films revealed by nuclear reaction analysis[J]. J. Phys. Chem. C,2016,120(28):15147-15152.

[26] TAKAGI I,KOBAYASHI T,UEYAMA Y,et al. Deuterium diffusion in a chemical densified coating observed by NRA[J]. J. Nucl. Mater. ,2009,386-388:682-684.

[27] 曹江利. 阻氚涂层典型氧化物氢同位素渗透行为研究进展报告[R]. 成都:国家磁约束核聚变能发展研究专项课题总结会,2013.

[28] ZHANG G,XIANG X,YANG F,et al. Helium stability and its interaction with H in α-Al_2O_3:a first-principles study[J]. Phys. Chem. Chem. Phys. ,2016,18(3):1649-1656.

[29] 莫丽玢,李群,向青云,等. Al_2O_3 在高温氢中的稳定性研究[J]. 陶瓷学报,2014,35(6):666-671.

[30] 李群. 典型氧化物氢同位素渗透阻挡涂层研究[D]. 北京:北京科技大学,2016.

[31] HOLLENBERG G W,MCKEE R S,O'CONNOR R R,et al. Simulation of NPLWR environment in the ATR Loop-1 test [C]. San Diego:Proceedings of 6th International Symposium on Environmental Degradation of Materials in Nuclear Power Systems Water Reactors,1994.

[32] ZHANG G,XIANG X,YANG F,et al. First principles investigation of helium physisorption on α-Al_2O_3 (001)surface[J]. Phys. Chem. Chem. Phys. ,2016,18:15711-15718.

[33] ZHANG G,XIANG X,YANG F,et al. H/He interaction with vacancy-type defects in α-Al_2O_3 single crystal studied by positron annihilation[J]. RSC Advances,2016,6:18096-18101.

[34] MAGIELSEN A J,BAKKER K,CHABROL C,et al. In-pile performance of a double-walled tube and a tritium permeation barrier[J]. J. Nucl. Mater. ,2002,307-311(Part 1):832-836.

[35] 石云龙. 基于 Er_2O_3、ZrN/TaN 薄膜 He 行为研究[D]. 成都:四川大学,2016.

[36] 欧怡典. 氧化钇中辐照缺陷形成及稳定性的第一性原理研究[D]. 北京:清华大学,2011.

[37] CHIKADA T,FUJIT H,MATSUNAG M,et al. Deuterium permeation behavior in iron-irradiated erbium oxide coating[J]. Fusion Eng. Des. ,2017,124:915-919.

[38] NAKAMICHI M,KAWAMURA H. Characterization of Y_2O_3 coating under neutron irradiation[J]. J. Nucl. Mater. ,1998,258-263(Part 2):1873-1877.

[39] GARCÍA FERRÉ F,MAIROV A,CESERACCIU L,et al,Radiation endurance in Al_2O_3 nanoceramics[J]. Sci. Rep. ,2016,6:33478-33482.

[40] GARCÍA FERRÉ F,MAIROV A,VANAZZI M,et al. Extreme ion irradiation of oxide nanoceramics:influence of the irradiation spectrum[J]. Acta. Mater. ,2018,143(2):156-165.

[41] 袁晓明. 聚变堆系统阻氚涂层技术研究现状及展望[R]. 合肥:第一届核聚变堆材料论坛,2014.

第5章 复合阻氚涂层

非氧化物材料具有优异的化学稳定性、热稳定性及抗辐照肿胀等特点,是聚变堆包层结构材料候选的阻氚涂层材料[1-3],主要有钛化物涂层(如 TiN、TiC 等)和碳化硅涂层(SiC)等。然而,在实际应用中,存在钛化物涂层在高温下易氧化和性能退化,以及 SiC 涂层发生龟裂和剥落等难以解决的问题。因此,非氧化物材料常与氧化物材料组合成复合阻氚涂层使用。

另一方面,Al_2O_3、TiC 及 SiC 等单一传统涂层存在孔隙率高、厚度低、高温下易开裂和剥落等缺陷,制备技术也存在难以处理形状各异的部件、组件问题。因此,亟需提出新的先进阻氚涂层设计思想,制备具有优良性能的阻氚涂层,并实现工程应用,而成分复合和层状结构复合为先进阻氚涂层的研制提供了探索空间。

Al_2O_3 和其他典型阻氚涂层材料如 Y_2O_3、Er_2O_3 等金属氧化物能够形成化学计量比氧化物。这些氧化物往往也具有高熔点、高硬度、高化学稳定性等优点。考虑到这些金属氧化物相互间能够掺杂,为成分复合阻氚涂层的研制提供了更广阔的选择空间,但目前有关成分复合阻氚涂层的应用研究文献报道较少。另一方面,多层复合结构在诸如硬质涂层、耐磨减摩涂层等领域已经获得了广泛应用,这也成为目前新型阻氚涂层研发首选的技术思路,即采用复合梯度涂层的设计方法,通过研究涂层的成分体系(黏结层、自愈合层和表层的材料体系选择)、结构体系(各层间的厚度比例与结构顺序)与制备技术,获得综合性能优良的复合阻氚涂层材料,以解决单一涂层材料阻氚效果尚未达到理想目标的问题。

目前,Al_2O_3 基、Cr_2O_3 基、Er_2O_3 基和 Ti 基复合阻氚涂层等的设计、制备工艺及性能研究相对系统,尤其前三者成为当前中国、欧盟和日本等的研究热点[1,4-6]。Al_2O_3 基复合阻氚涂层材料有 Al_2O_3/Fe-Al、Al_2O_3/Cr_2O_3、Al_2O_3/TiC、Al_2O_3/TiN/TiC、Al_2O_3/ZrO_2、Al_2O_3/Er_2O_3、Al_2O_3/SiC、Al-Cr-O 和 Er_2O_3/Al_2O_3/W 等;Cr_2O_3 基复合阻氚涂层材料有 SiO_2/Cr_2O_3/$CrPO_4$、$AlPO_4$/Cr_2O_3、Cr_2O_3/Er_2O_3 等;Er_2O_3 基复合阻氚涂层材料有 Al_2O_3/Er_2O_3、Fe/Er_2O_3、SiC/Er_2O_3 和 Er_2O_3/ZrO_2 等;Ti 基复合阻氚涂层材料有 TiN/TiC、TiN/TiC/Al_2O_3 和 TiN/TiC/SiO_2 等。这些复合阻氚涂层在提高阻氚涂层的完整性、避免工艺缺陷形成氢通道、提高阻氚性能、抗热冲击及抗液态 Li-Pb 腐蚀性能等方面均取得了较好的效果。

5.1 Al_2O_3 基复合阻氚涂层

5.1.1 Al_2O_3/Fe-Al 复合阻氚涂层

Al_2O_3/Fe-Al 复合阻氚涂层因渐变的成分与结构特征,涂层与基体结合牢固,并具有良好的阻氚性能、自修复性能以及抗热冲击性能等,成为 ITER 各参与国优先选择的复合阻氚涂层。目前,在涂层制备工艺、工程化制备、涂层形成过程中合金化效应、界面氢行为及氢损伤行为等方面取得了较为系统的研究进展。

1. Al_2O_3/Fe-Al 复合阻氚涂层制备技术

Al_2O_3/Fe-Al 复合阻氚涂层主要采用间接法制备,分为渗铝和氧化两个步骤:渗铝就是通过热处理使铝源与基体的原子相互扩散在基体表面形成冶金结合的 Fe-Al 合金层;氧化就是在 Fe-Al 合金层表面原位氧化形成 Al_2O_3 膜。以铝源引进方法加以命名,主要有热浸铝(HDA)、包埋渗铝(PC)、化学气相沉积(CVD)和电沉积铝(ECA)等制备方法。其中,HDA、PC 和 ECA 等方法在工程化研究方面进展良好。

1) 热浸铝法(HDA)

HDA 法由德国 KIT 开发[5]。HDA 法的典型工艺是:先将基体(316L、MANET Ⅱ、Eurofer 97 钢等)浸入氩气保护的熔融铝液 30s,然后在 950~1075℃下热氧化处理。HDA 复合阻氚涂层主要由 Al_2O_3、Fe-Al 和 α-Fe(Al)组成,如图 5.1 所示。该方法的工艺特点是渗铝与氧化在 950~1075℃同时进行。因此,HDA 复合阻氚涂层与基体间空洞明显,涂层阻氚性能的一致性差。较优的 HPRF 高达 10000,较差的 HPRF 仅为 10。

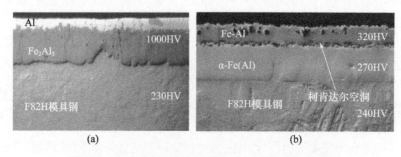

图 5.1 HDA 法制备的复合阻氚涂层的典型截面形貌

(a) 700℃热浸铝 30s;(b)1050℃/0.5h+750℃/2h 热处理。

在 HDA 的工程化应用研究方面,欧盟在 MANET Ⅱ 钢氚包容容器(ϕ29mm×1.5mm,长 100mm,图 5.2(a))表面制备的 HDA 复合阻氚涂层,在 300~450℃下,气相中的 HPRF 仅为 140,如图 5.2(b)所示;而在 Li-Pb 合金液中其 HPRF 进一步下降,这归因于复合阻氚涂层与基体间出现了空洞和分层现象,且其表面也不致密[7-8]。

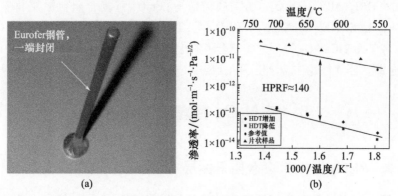

图 5.2 容器表面 HDA 法制备的 Al_2O_3/Fe-Al 复合阻氚涂层的样品外观及性能

(a) 样品外观;(b)阻氢渗透性能。

与欧盟开发的"HDA+原位热氧化"工艺不同,中国工程物理研究采用"HDA+热处理+选择氧化"的技术思路,经系统的工艺研究,在 1Cr18Ni9Ti 等钢表面获得了具有较好阻氚渗透性能的 $Al_2O_3/Fe-Al$ 复合阻氚涂层[9]。具体的制备工艺和相应的涂层成分列入表 5.1 中。图 5.3 所示为测试样品浸铝前、浸铝后和氧化后的外观图。

表 5.1 中国工程物理研究开发的 $Al_2O_3/Fe-Al$ 复合阻氚涂层的 HDA 制备工艺及成分

镀铝条件	渗铝条件	氧化条件	涂层组成
$Al-Na_3AlF-NaCl$, 750℃,30min	空气气氛,750℃,4h	$Ar(\rho(O_2)=31.1mg/m^3)$, 750℃,55h	$\gamma-Al_2O_3/FeAl/Fe_3Al$

图 5.3 ϕ80mm 容器表面 $Al_2O_3/Fe-Al$ 复合阻氚涂层外观图
(a) 浸铝前;(b) 浸铝后;(c) 氧化后。

热浸渗铝样品和空白 1Cr18Ni9Ti 钢样品的表观渗透率随温度的变化曲线如图 5.4 所示。经过 4h 空气热处理的热浸渗铝样品在 650℃下其 DPRF 可达 51,且随着温度的升高,DPRF 值迅速降低。经过真空热处理 15h 后,DPRF 上升;再经过 650℃、55h 热处理后,DPRF 大幅上升至 8736。

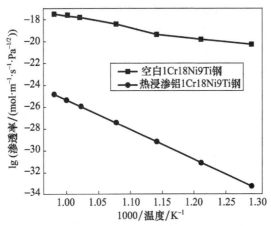

图 5.4 ϕ80mm 容器表面热浸渗铝涂层的氚渗透率随温度的变化曲线

2) 包埋渗铝(PC)法

PC 法最早由法国 CEA 开发[5]。PC 法的典型工艺是:以 Fe-Al 为铝源、Al_2O_3 为填充剂、氯化铵为活化剂,氩气保护,在650~850℃对基体(316L、CLAM、DIN 1.4914钢等)渗铝后,采用CVD技术在Fe-Al层表面沉积Al_2O_3膜或在一定气氛、700~800℃下原位氧化Fe-Al层[10-11]。PC复合阻氚涂层典型的截面形貌如图5.5所示。PC法制备Al_2O_3/Fe-Al复合阻氚涂层的HPRF值也比较分散,有的只有十几,有的则高达几千甚至上万。

图5.5 PC法制备Al_2O_3/Fe-Al复合阻氚涂层典型的截面形貌
(750℃渗铝2h,然后在500℃采用CVD法沉积Al_2O_3)

在工程化研究方面,Forcey等[10]在316L不锈钢管($L=2000$mm)表面采用包埋渗铝-氧化法制备的Al_2O_3/Fe-Al复合阻氚涂层,其HPRF为40。Luis等[12]在316L不锈钢管($\phi10$mm×1mm,$L=250$mm)内表面制备的Al_2O_3/Fe-Al复合阻氚涂层,235℃下的HPRF为34。刘歆粤等在316L不锈钢管($\phi10$mm×0.55mm,$L=150$mm)表面制备的Al_2O_3/Fe-Al复合阻氚涂层,在350~550℃气相中的DPRF为30~70。CIAE在316L细长不锈钢管($\phi10$mm×1mm,$L=4000$mm)内壁制备出Al_2O_3/Fe-Al复合阻氚涂层,在360℃下的DPRF达到$10^3 \sim 10^4$量级,并完成了研究堆内高温水介质下长达300天的辐照阻氚性能评价,堆内辐照条件下TPRF达到100[14]。

3) 电沉积铝(ECA)法

2008年,中国工程物理研究院(CAEP)、德国卡尔斯鲁厄理工学院(KIT)和日本东京大学几乎同时报道了用ECA法制备Al_2O_3/Fe-Al复合阻氚涂层[15-20]。日本东京大学采用了有机溶剂电沉积技术,而CAEP和KIT采用的是ECA技术。CAEP采用的是650~750℃低温热处理工艺,并考察了Al_2O_3/Fe-Al复合阻氚涂层的阻氢渗透性能;而日本东京大学与KIT采用的是950℃高温热处理工艺,同时考察了Al_2O_3/Fe-Al复合阻氚涂层的液态Li-Pb腐蚀性能。用ECA法制备的Al_2O_3/Fe-Al复合阻氚涂层具有较好的阻氢渗透性能[16-17],其由微米级厚的$FeAl/Fe_3Al$扩散层及纳米级厚的γ-Al_2O_3外层组成,层间及界面均无空洞。由图5.6可推导出,600℃下涂层的DPRF为1600,727℃下涂层的DPRF为400。日本和德国用ECA法制备样品的Al_2O_3/Fe-Al复合阻氚涂层截面形貌如图5.7所示,还未有相应PRF数据的报道[18-20]。

针对ECA技术的工程化应用,CAEP针对镀层均匀性控制、热处理调控和Fe-Al合金选择氧化等关键问题进行了系统研究,自主设计、研发了用ECA法制备Al_2O_3/Fe-Al复合阻氚涂层的示范线,形成了在$\phi10 \sim \phi150$mm、$L \leq 1000$mm容器及管道外表面批量制备Al_2O_3/Fe-Al复合阻氚涂层的能力[21-23]。该技术具有工艺简单、能处理复杂部件、处

图 5.6 用 ECA 法制备的 Al_2O_3/Fe-Al 复合阻氚涂层及性能

a) 涂层截面形貌;(b) 涂层样品外观;(c) 阻氚渗透性能。

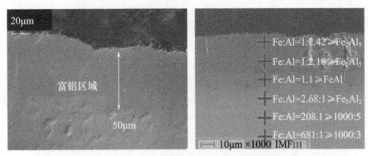

图 5.7 ECA 法制备的涂层截面形貌

理温度相对较低以及易于大规模推广等优点,如表 5.2 所列。相比之下,虽然 CAEP 和 KIT 在 2011 年几乎同时报道了 ECA 涂层制备技术,但到目为止 KIT 尚未达到类似容器管道的处理规模。用 HDA 法和 PC 法也未达到类似的处理规模。

表 5.2 不同 Al_2O_3/Fe-Al 复合阻氚涂层制备技术对比

	ECA		HDA	PC
机构	CAEP(中国)	KIT(德国)	KIT(德国)	CIAE(中国)
技术思路	ECA+热处理+选择氧化	ECA+氧化	HDA+氧化	PC+氧化/CVD
典型装置				
处理温度/℃	700~750	960~1050	960~1050	650~850
产品形状	筒状、管道、球状	平板	筒状	管道
产品尺寸/mm	$\phi10~\phi150, L\leq1000$	50	$\phi29, L=100$	$\phi10, L<4500$
产品性能	PRF>169	—	PRF>140	PRF>34
专利	4项	不明	不明	不明
经济可行性	好	好	好	好
存在问题	镀液成本高		涂层均匀性差	应力腐蚀

1Cr18Ni9Ti 不锈钢容器表面 Al_2O_3/Fe-Al 复合阻氚涂层样品如图 5.8 所示。不同容器表面制备的 Al_2O_3/Fe-Al 复合阻氚涂层外表美观、色泽均匀、结合牢固,外表呈淡黄黑色,有金属光泽;肉眼观察外表面完整、均匀、无起皮和脱落现象,切割后也无起皮和开裂,如图 5.9 所示。氧化膜表面较为致密,呈凹凸状的结晶状结构,如图 5.10 所示。

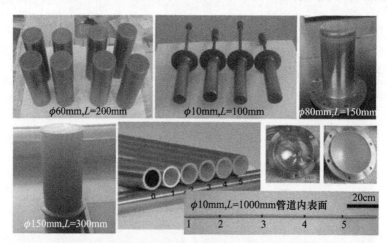

图 5.8　1Cr18Ni9Ti 不锈钢容器及管道内外表面 Al_2O_3/Fe-Al 复合阻氚涂层样品

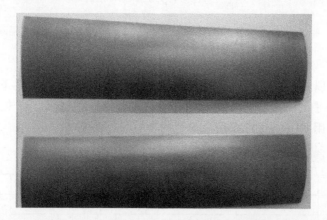

图 5.9　ϕ150mm 容器表面 Al_2O_3/Fe-Al 复合阻氚涂层氧化后的外观

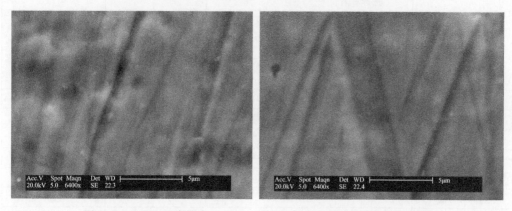

图 5.10　ϕ150mm 容器表面 Al_2O_3/Fe-Al 复合阻氚涂层氧化后的形貌

图5.11是氧化处理后 φ150mm 容器各部位 Fe-Al 涂层的截面形貌。可以看出，各部位涂层截面均由外、内两层结构组成，厚度均匀（31~33μm）、结构致密，层间无空洞或其他缺陷。外层颜色稍浅，均匀致密；内层颜色更浅，主要由针状组织构成，并向基体内部蔓延。

图 5.11　氧化处理后 φ150mm 容器各部位 Fe-Al 涂层的截面形貌
(a) 容器的上部；(b) 容器的中上部；(c) 容器的中部；(d) 容器的中下部；(e) 容器的弯曲部；(f) 容器的底部。

XRD 分析表明（图 5.12），氧化后 Fe-Al 涂层主要含有 FeAl 和 Fe_3Al，并有少量的 $\gamma\text{-}Al_2O_3$。结合截面形貌特征与 EDS 能谱分析结果，可以得出，氧化后 Fe-Al 涂层外层为固溶了 Cr、Ni 的 FeAl,而内层为固溶了 Cr、Ni 的 Fe_3Al。

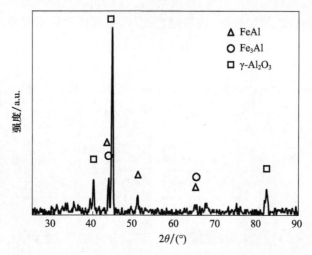

图 5.12 ϕ150mm 容器表面 Fe-Al 涂层氧化后的 XRD 图谱

Fe-Al 涂层在 720℃、氩气气氛中氧化 100h 后,涂层表面的 XPS 深度剖析结果如图 5.13 所示。图中显示,当溅射 30min 时,Al 的结合能约为 73.8eV(图 5.13(a)),与 Al_2O_3 中 Al 的结合能值一致。在 Fe 相关化合物区间出现了 707.0eV 峰(图 5.13(b)),与金属态 Fe 的特征结合能一致。由此可见,所选氧化条件实现了 Al 的选择性氧化,较好地抑制了 Fe 相关氧化物的形成。

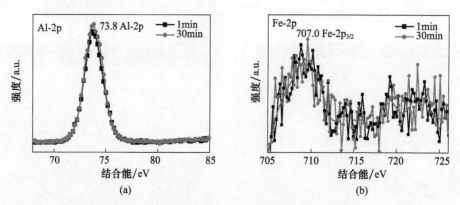

图 5.13 ϕ150mm 容器表面 Fe-Al 涂层的 XPS 能谱
(a) Al-2p;(b) Fe-2p。

含 Fe-Al 涂层的 ϕ150mm 容器在氩气气氛中氧化 150h 后,涂层表面的反射光谱如图 5.14 所示。可以看到,涂层表面各部位均具有明显的干涉光谱,这表明氧化膜具有较好的光学性质,即形成了 Al_2O_3。根据极值法获得的不同部位 Al_2O_3 膜厚度的变化如图 5.15 所示。可以看到,容器不同部位表面的 Al_2O_3 厚度比较均匀,约 340~360nm。显然,最终所制的 Al_2O_3/Fe-Al 涂层由致密的、无空洞的微米级厚(约 32μm)的 Fe-Al/Fe_3Al 合金扩散层及纳米级厚(340~360nm)的 γ-Al_2O_3 膜组成。

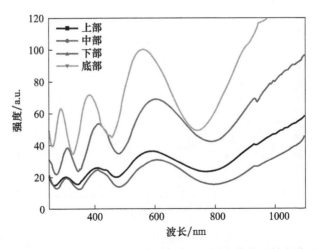

图 5.14 ϕ150mm 容器表面 Fe-Al 涂层氧化后不同部位的反射光谱（见彩插）

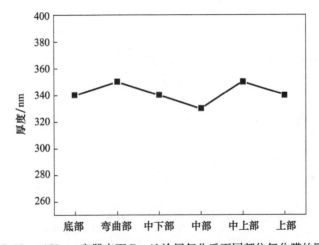

图 5.15 ϕ150mm 容器表面 Fe-Al 涂层氧化后不同部位氧化膜的厚度

采用动态电离室气相氚渗透测试系统完成了 ϕ80mm 容器表面 Al_2O_3/Fe-Al 复合阻氚涂层的性能考核。根据氢同位素的扩散渗透定律，材料中氢同位素的渗透通量的增长呈抛物线上升趋势。图 5.16 和图 5.17 很好地显示了这种关系，证明这种方法是直观且有效的，测量结果可信。其次，可以看到，不锈钢基体的渗透通量明显高于有 Al_2O_3/Fe-Al 复合阻氚涂层的不锈钢，而且达到稳态渗透的时间小于有 Al_2O_3/Fe-Al 复合阻氚涂层的不锈钢。达到稳态渗透后，二者氚渗透通量相差约三个数量级。

在 500~650℃ 温度范围内，随着上游引入氚气的压力升高，下游气体的渗透通量随之升高（图 5.18）。同样，由图 5.18 可知，下游气体的渗透通量随渗透温度的升高而升高。

有 Al_2O_3/Fe-Al 复合阻氚涂层和没有 Al_2O_3/Fe-Al 复合阻氚涂层的 1Cr18Ni9Ti 容器中，氘、氚的渗透系数对比结果如图 5.19 所示。单看任意一条曲线，氘气、氚气在容器中的渗透系数随着温度的升高而增加，这说明容器中氘气、氚气的渗透系数都与温度强烈相关，且符合阿仑尼乌斯（Arrhenius）公式。

对比 1Cr18Ni9Ti 不锈钢容器的氘、氚渗透曲线可以发现，在相同温度下，1Cr18Ni9Ti

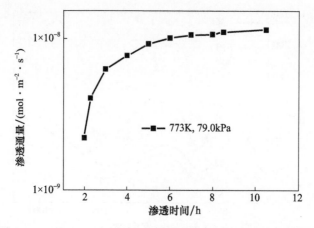

图 5.16 φ80mm 1Cr18Ni9Ti 不锈钢容器中氘的渗透动力学曲线

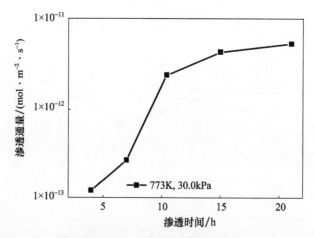

图 5.17 有 Al_2O_3/Fe-Al 复合阻氚涂层的 φ80mm 1Cr18Ni9Ti 不锈钢容器中氘的渗透动力学曲线

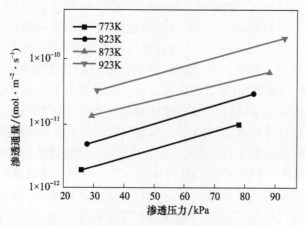

图 5.18 不同温度下,有 Al_2O_3/Fe-Al 复合阻氚涂层的 φ80mm 1Cr18Ni9Ti 容器中氘渗透通量随压力和温度的变化

容器的氘渗透系数都高于氚渗透系数，符合扩散渗透定律。氘与氚的渗透系数之比 $\Phi(D):\Phi(T)=2.14\sim2.80$，该比值高于根据经典扩散理论的预测值，即氢同位素渗透系数与自身的质量数的平方根成反比，即 $\Phi(H):\Phi(D):\Phi(T)=\dfrac{1}{\sqrt{m(H)}}:\dfrac{1}{\sqrt{m(D)}}:\dfrac{1}{\sqrt{m(T)}}=1:\dfrac{1}{\sqrt{2}}:\dfrac{1}{\sqrt{3}}$。

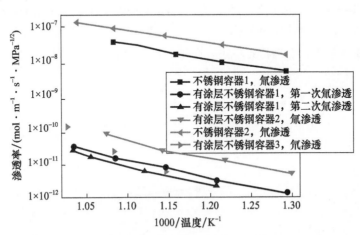

图 5.19　有 Al_2O_3/Fe-Al 复合阻氚涂层和没有 Al_2O_3/Fe-Al 复合阻氚涂层的 1Cr18Ni9Ti 容器中氘、氚渗透率与温度的关系

根据图 5.19 中的氢同位素渗透率数据可以得出 1Cr18Ni9Ti 不锈钢容器表面 Al_2O_3/Fe-Al 复合阻氚涂层在不同温度下的阻氚因子，如表 5.3 所列。可以看到，容器 1 和容器 2 表面的 Al_2O_3/Fe-Al 复合阻氚涂层在 500℃ 下的 TPRF 分别为 5838 和 1140，650℃ 下的 TPRF 分别为 1893 和 340；容器 3 表面 Al_2O_3/Fe-Al 复合阻氚涂层在 500℃ 下的 DPRF 约为 3500，而 650℃ 下的 DPRF 为 783。由此可见，Al_2O_3/Fe-Al 复合阻氚涂层具有较好的阻氘、氚渗透性能，500~650℃ 下，Al_2O_3/Fe-Al 复合阻氚涂层可使不锈钢容器的氘、氚渗透率降低 2~3 个数量级。

图 5.19 还展示了容器 1 表面 Al_2O_3/Fe-Al 复合阻氚涂层的重复渗透结果。可以看到，相同温度下，Al_2O_3/Fe-Al 复合阻氚涂层的氚渗透率处于同一量级，表明该复合阻氚涂层的性能具有一定的稳定性和重复性。

表 5.3　不同温度下，ϕ80mm 不锈钢容器表面 Al_2O_3/Fe-Al 复合阻氚涂层的阻氚因子

温度/℃	TPRF		DPRF
	容器 1	容器 2	容器 3
500	5838	1140	约 3500
550	3308	768	约 2300
600	2228	647	1181
650	1893	340	783

此外，分析图 5.19 中基体和 Al_2O_3/Fe-Al 复合阻氚涂层渗透率随温度的变化曲线，

发现有 Al_2O_3/Fe-Al 复合阻氚涂层的不锈钢容器中氚渗透曲线基本与不锈钢容器中的氚渗透曲线平行,这符合面积缺陷渗透模型特征。因此,面积缺陷渗透机制是所制 Al_2O_3/Fe-Al 复合阻氚涂层的渗透机制,即氢同位素只能通过 Al_2O_3/Fe-Al 复合阻氚涂层内少量裂纹或者其他缺陷实现渗透。由此可见,图 5.19 中容器 2 表面 Al_2O_3/Fe-Al 复合阻氚涂层的阻氚因子低于容器 1 的,这是由于其表面 Al_2O_3/Fe-Al 复合阻氚涂层的缺陷尺寸(或者数量)相对较小(少)。

有 Al_2O_3/Fe-Al 复合阻氚涂层和没有 Al_2O_3/Fe-Al 复合阻氚涂层的 ϕ150mm 不锈钢容器中氘、氚的渗透率对比结果如图 5.20 所示。可以看到,500~650℃下,容器在各个温度点的氘、氚渗透率数据点均较好地符合阿伦尼乌斯线性关系。

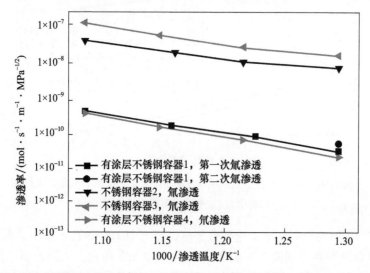

图 5.20 ϕ150mm 不锈钢容器表面 Al_2O_3/Fe-Al 复合阻氚涂层的氘、氚渗透率与温度的关系

ϕ150mm 不锈钢容器表面 Al_2O_3/Fe-Al 复合阻氚涂层在不同温度下的 PRF 如表 5.4 所列。可以看到,容器 1 表面的 Al_2O_3/Fe-Al 复合阻氚涂层在 500℃下的 TPRF 两次测量值分别为 229 和 169,650℃下的 TPRF 分别为 78 和 17;容器 4 表面的 Al_2O_3/Fe-Al 复合阻氚涂层在 500℃下的 DPRF 约为 700,650℃下的 DPRF 为 250。由此可见,在 500~650℃下,Al_2O_3/Fe-Al 复合阻氚涂层使 1Cr18Ni9Ti 不锈钢容器的氘、氚渗透率降低 1~2 个数量级。

表 5.4 不同温度下,ϕ150mm 不锈钢容器表面阻氚涂层的阻氚因子

温度/℃	TPRF		DPRF
	容器 1(第 1 次)	容器 1(第 2 次)	容器 4
500	229	169	700
550	117	55	350
600	96	28	309
650	78	17	250

ϕ150mm 不锈钢容器表面 Al_2O_3/Fe-Al 复合阻氚涂层的效果较 ϕ80mm 不锈钢容器

降低一个数量级。根据涂层阻氚的面积缺陷机制推断,可能主要是由于涂层处理表面积大幅度增加引起涂层缺陷的增加。未来需通过表面预处理工艺来优化,进一步提升涂层性能的稳定性。

在实际应用方面,ECA 工艺技术已作为中国工程物理研究院贮氚铀床、氚化工反应器等氚操作容器的标准处理工序。多次实践证明,Al_2O_3/Fe-Al 复合阻氚涂层可将环境中的氚剂量下降至原来的 1/1000(表 5.5),节约了昂贵的氚材料并确保人员、环境的氚辐射安全。

表 5.5 有 Al_2O_3/Fe-Al 复合阻氚涂层的氚操作容器工作
期间所处二级包容系统中的氚浓度

氚操作次数						无 Al_2O_3/Fe-Al 复合阻氚涂层	
第一次		第二次		第三次			
时间	C_T/(Bq·m^{-3})	时间	C_T/(Bq·m^{-3})	时间	C_T/(Bq·m^{-3})	时间	C_T/(Bq·m^{-3})
1:00	1.8×10^5	20:00	0.8×10^5	20:00	3.3×10^5	6:00	2.2×10^6
5:00	2.2×10^5	21:00	0.8×10^5	22:00	2.9×10^5	8:00	1.8×10^6
9:00	1.4×10^5	1:00	0.7×10^5	0:00	2.9×10^5	10:00	1.8×10^6
12:30	0.7×10^5	5:00	0.8×10^5	4:00	2.5×10^5	11:00	0.5×10^8
14:00	2.9×10^5	6:00	0.8×10^5	5:00	2.5×10^5	12:00	0.3×10^8
16:00	2.5×10^5	7:30	0.4×10^5	7:00	2.5×10^5	14:00	1.4×10^7
17:00	2.2×10^5	8:30	0.4×10^5	8:00	2.5×10^5	15:00	0.9×10^7

将 Al_2O_3/Fe-Al 复合阻氚涂层试样放入 750℃ 电炉中,保温 20min 后取出置入冷水中,如此反复循环 10 次后涂层的表面保持完好、有金属光泽、无起皮和鼓泡现象,仅随热震试验次数的增加,表面呈不同颜色,如图 5.21 所示[26]。第 10 次热震试验后表面形貌如图 5.22 所示,没有出现裂纹和起皮现象。由此可见,Al_2O_3/Fe-Al 复合阻氚涂层具有较好的抗热震性能,抗 750℃ 至室温冷热冲击至少 10 次。

图 5.21 热震试验后 Al_2O_3/Fe-Al 复合阻氚涂层的外观

所制 Al_2O_3/Fe-Al 复合阻氚涂层之所以具有较好的抗热震性能,主要是因为复合阻氚涂层与基体材料间热膨胀系数(TEC)的差异减小。Al_2O_3、FeAl、Fe_3Al、不锈钢的热膨

图5.22 第10次热震试验后 Al_2O_3/Fe-Al 复合阻氚涂层的表面形貌

胀系数见表5.6。表中显示,Fe-Al 涂层与不锈钢基体的热膨胀系数能够很好匹配,只是 Al_2O_3 与 FeAl 合金的热膨胀系数相差较大。然而,由于 Al_2O_3 与 FeAl 之间界面呈梯度结构,且 Al_2O_3 膜的厚度仅为纳米级,因而能够较好地缓解二者物性的差异。

表5.6 涂层与基体的热膨胀系数

涂层与基体	Al_2O_3	FeAl	Fe_3Al	1Cr18Ni9Ti	21-6-9
TEC/$(10^{-6}K^{-1})$	7.8	21.8	12.5	16.5	16.5

2. Al_2O_3/Fe-Al 复合阻氚涂层形成中的合金化效应

在 Al_2O_3/Fe-Al 复合阻氚涂层的制备过程中,除 Fe 元素外,基体中的其他合金元素、铝源中掺杂的或基底表面预先沉积的合金元素均会参与涂层的热扩散和氧化过程,因此 Al_2O_3/Fe-Al 复合阻氚涂层的形成过程表现出合金化效应,具体可分为基底效应和掺杂效应[24]。

1) 基底效应

材料的基底效应主要来源于晶型(如单晶、多晶和非晶)、微观组织结构(如晶粒尺寸、缺陷、第二相和夹杂等)和成分(如合金元素和杂质)。材料的晶型和微观组织结构与制备工艺有关,可调可控。相对来说,成分对材料性能的影响更加显著。事实上,在冶金实践中,某种合金元素少量的添加能使材料的物理、化学或力学性能发生显著变化。例如,Fedorov 等[25]发现,Ce 合金化后,经质子辐照的 EP-838 钢的氢渗透系数降低了近1个数量级。

在聚变堆氚增殖包层及辅助涉氚系统中,常用的结构材料主要有 RAFM 钢(F82H、CLAM、Eurofer 97等)、奥氏体钢(316L、HR-2等)、铁素体钢(P91、HCM12A等)和马氏体钢(F82H 模具钢、MANET 等)。在这些钢中,主要的合金化元素有 Cr(7%~22%(质量分数))、Ni(0~15%(质量分数))、Mn(0~9%(质量分数))、Mo(0~3%(质量分数))、W(0~2%(质量分数))及其他元素,如 Al、Ti、C 等,且这些元素的含量和种类随钢牌号的不同有较大差异,预计将对 Al_2O_3/Fe-Al 复合阻氚涂层的形成及阻氚性能产生不同的影响。

实验中已观察到合金元素对 Fe-Al 合金的力学性能、氢渗透率和抗腐蚀性等有重要影响[26-28]。C 的添加可以有效提高热处理 Fe-Al 合金的屈服强度而不影响其塑性,且 C 似乎可以抑制晶界处的氢脆,因为其拉伸断裂模式由低 C 含量(0.05%(质量分数))时占主导的晶间断裂向高 C 含量(0.2%(质量分数))时的穿晶断裂转变[26]。与之类似的是,在 Fe_3Al 基合金中,添加的 C 在基底材料中形成了钙钛矿结构的 $Fe_3AlC_{0.5}$ 碳化物相,导致氢的渗透率和扩散系数降低了 2 个数量级,但氢的溶解度却没有改变[28]。另一方面,合金元素与不锈钢基底 Fe-Al 涂层表面 Al_2O_3 膜的形成、形貌、致密性和晶型有关。Kitajima 等[29]指出,Ti、Fe、Cr 能促进 Fe-50Al 合金表面 θ-Al_2O_3 相向 α-Al_2O_3 相的转变,因为这些元素的氧化物可作为 α-Al_2O_3 的异质形核点,但 Ni 对其基本没影响。

众所周知,不锈钢表面典型铝化物复合阻氚涂层由 Fe-Al 过渡层和 Al_2O_3 膜组成。Fe-Al 过渡层是通过基底 Fe 原子与铝源中 Al 原子的相互扩散形成的。由前述可知,钢基底中的合金元素必将对 Al_2O_3/Fe-Al 复合阻氚涂层产生影响。例如,Zajec 等[30]发现,随着碳钢中的 C 含量从 0.22%(质量分数)提高到 0.44%(质量分数),铝化后其高温氧化的速率常数甚至会有数量级差异。Sánchez 等[31]也发现,经过 800℃、1000h 蒸汽氧化后,用 CVD-FBR 技术铝化的 HCM12A(12%(质量分数)Cr)钢样品的总质量增加约为铝化的 P91(9%(质量分数)Cr)钢样品的 1/3,即前者抗高温水蒸气腐蚀性能优于后者,原因是前者的 Cr 浓度更高。此外,综合比较在不同牌号如 Eurofer 97、DIN1.4914、MANET Ⅱ 和 HR-2 钢基底表面制备的铝化层,可以发现其分层情况和各层物相、缺陷态及界面特征等有显著差异[10,32-34],如图 5.23 所示。除制备技术可能对涂层起作用外,基底材料本身也可能对铝化涂层的形成产生影响,因为这些钢分别为 RAFM 钢、马氏体钢和奥氏体钢。由此可见,不锈钢基底材料本身及其合金元素将在 Al_2O_3/Fe-Al 复合阻氚涂层的形成和服役性能中扮演重要角色。

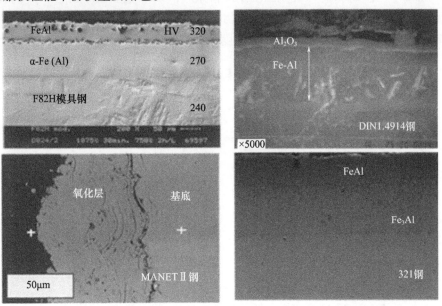

图 5.23 不同不锈钢基底表面制备的 Al_2O_3/Fe-Al 复合阻氚涂层

2) 掺杂效应

除不锈钢基底材料中的合金元素将对铝化物复合阻氚涂层的形成和性能产生重要影响外,铝源中掺杂的或基底表面预先沉积的合金元素也将在涂层形成过程中起作用。Cheng 等[35]发现,在熔融纯 Al 及 Al-0.5Si 中热浸后,低碳钢表面仅形成了 $FeAl_3$ 和 Fe_2Al_5 两层物相,而当 Al 中 Si 含量在 2.5%~10%(质量分数)时还会形成 Al_7Fe_2Si 层和 $Al_2Fe_3Si_3$ 粒子,即铝源中的 Si 也参与了涂层中物相的形成。在低碳钢表面预先电沉积 Ni 后,观察到铝涂层在 750℃ 等温氧化过程中由高 Al 相转变为低铝 Ni-Al 金属间相,原因是 Al 层和 Ni 层之间发生了互扩散[36]。除物相外,掺杂的合金元素还会影响 Fe-Al 过渡层的微观结构和性能。在 HDA 过程中,随着熔融 Al 中 Si 含量的增加,涂层界面从不规则手指状形貌向平滑界面转变,同时涂层的厚度不断下降[35]。而且,掺杂的 Si 及预先电沉积的 Ni 能有效抑制 HDA 铝涂层中的空洞和裂纹,提高涂层的抗氧化能力[36-37]。据 Glasbrenner 等[38]报道,当在 Al 中添加过渡元素 Mo、W 和 Nb 后,热浸 MANET 钢表面形成的 Fe-Al 金属层不仅厚度下降,而且在高温下的内氧化也被抑制,外表面形成了更加致密的氧化膜。在用包埋渗铝法渗铝过程中,稀土元素(如 Y、Ce、Hf 等)被发现可显著改善铝化涂层的力学性能和化学稳定性,如 Y 对铝化物涂层在腐蚀性环境中的抗磨损性能有利,划痕实验中含 Y 涂层的临界载荷为 (33.6±2.1)g,而不含 Y 涂层的临界载荷仅为 (25.7±1.9)g[39]。Y 和 Ce 掺杂能显著提高 1030 钢表面铝化层的抗腐蚀侵蚀和抗干砂侵蚀性能[40-41]。

另一方面,掺杂的合金元素将对不锈钢表面 Fe-Al 过渡层及 Al_2O_3 膜的形成和微观结构产生重要影响,并最终影响铝化物复合阻氚涂层的综合性能,因此需要对 Fe-Al 过渡层进行高温氧化处理,以获得一层致密的氧化膜。在高温氧化过程中,除了 Al 原子被氧化形成 Al_2O_3 外,Fe-Al 过渡层中的 Fe 原子及其他掺杂合金原子也可能被氧化,形成相应的氧化物。例如,Fe-Al 表面预先电沉积 Ni、Ti 后,氧化后表面除了 Al_2O_3 外,还分别形成了 NiO 和 TiO_2[29]。Zhan 等[42]也观察到,Ce 掺杂后,CLAM 钢表面形成的 Al_2O_3 薄膜中存在少量的 CeO_2,如图 5.24 所示。这些氧化物的存在不仅可能影响涂层表面的致密性,而且可能降低涂层的性能。因此,需要在一定温度和氧势下对 Fe-Al 过渡层进行选择性氧化,抑

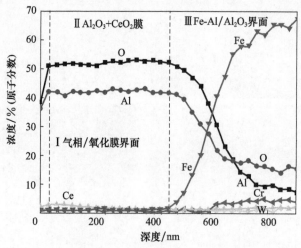

图 5.24 Ce 掺杂后,CLAM 钢表面用 PC 法制备的 Al_2O_3 膜中元素的深度分布情况(见彩插)

制非 Al 元素的氧化,即内氧化,目的是提高涂层的综合性能。在 HDA 铝化过程中,过渡元素 Mo、W、Nb 被发现可有效抑制 Fe-Al 过渡层的内氧化,提高涂层表面的致密性[38]。

3) 合金化效果

从对涂层结构和性能影响的效果来分析,合金元素在阻氚涂层中的角色可能是正向的,也可能是反向的。一般说来,特定使用环境下涉氚系统或组件所用结构材料的类型相对确定。因此,对涂覆在这些结构材料上的阻氚涂层而言,其基底效应相对较小。要调控阻氚涂层的结构和性能,通常需要考虑掺杂合金元素。显然,期望的合金化效应为有益效应。目前,Al_2O_3/Fe-Al 复合阻氚涂层中研究最多的有益合金化掺杂元素是稀土元素如 Y、Ce、Hf 等,它们可提高 Al_2O_3/Fe-Al 复合阻氚涂层的耐磨损性及抗高温氧化和腐蚀性能[43-44]。其原因可归于这些元素形成的氧化物改善了涂层的黏附性,降低了生长应力、界面孔隙率及结构粗糙度等。然而,稀土元素的有益效应与其含量有关。Xiao 等[45]发现,2%~5%(质量分数)CeO_2 的添加可改善碳钢表面 Fe-Al 涂层的抗硫化性能,但 8%(质量分数)CeO_2 的添加会诱导 Fe-Al 涂层的热开裂,反而降低了涂层的抗硫化性能。在热浸铝化涂层中,Si 的存在不仅可以平坦化 Fe-Al 金属间化合物层的舌状形貌,还可以抑制涂层中的空洞和裂纹,从而改善涂层的性能,如抗循环氧化性能[46]。此外,一些过渡金属的添加对 Al_2O_3/Fe-Al 复合阻氚涂层的性能也有益[38],如 Cr、Pt 能阻止 Al_2O_3/Fe-Al 复合阻氚涂层的热腐蚀[46];W、Mo、Nb 则可抑制 Al_2O_3/Fe-Al 复合阻氚涂层高温氧化过程中的内氧化,使 MANET 钢表面形成更致密的 Al_2O_3 层[46]。

综上可知,当 Ce 含量超过一定值后,其对 Al_2O_3/Fe-Al 复合阻氚涂层的有益效应将转变为有害效应,根源在于过量的 Ce 诱导了涂层的热开裂[45]。Zhang 等[47]也发现,合金钢中较高浓度的 N 对铝化涂层的黏附性不利,因为其可引起铝涂层中 AlN 沉淀的形成,从而降低 N 的浓度,使涂层更干净,沉淀及空洞更少;另一方面,基底材料中的 N 又可以提高铝化涂层的显微硬度[48]。在 Cr-Mo 钢中,当 $w(Cr) \leq 2.25\%$ 或 $w(Cr) \geq 5\%$ 时,Cr 对热浸铝化涂层中金属间相的形成无影响,但可以延迟钢与 Al 间的互扩散,导致金属间层厚度的下降及其与钢界面的平坦化[49]。此外,430Y 不锈钢中痕量的镧系元素如 Ce、La、Nd 等对其表面的铝扩散层或生长动力学影响很小[50]。热浸铝化层中 Fe-Al 过渡层的相结构被发现也与掺杂的 W、Mo、Nb 元素无关[38]。由此可见,铝化涂层中合金元素的有益或有害影响与元素种类、浓度等因素有关,并可在一定条件下相互转化。因此,在 Al_2O_3/Fe-Al 复合阻氚涂层的实际应用中,应结合其使用条件,如温度、介质环境等,调控合金元素的种类和浓度,以期获得最佳的涂层综合性能。

3. Al_2O_3/Fe-Al 界面结构及其对 α-Al_2O_3 中氢行为的影响

作为 Al_2O_3 涂层与 Fe-Al 过渡层间的过渡区域,可以认为 Al_2O_3/Fe-Al 界面从 Al_2O_3 层与 Fe-Al 层中间分别向两侧的 Al_2O_3、Fe-Al 延伸,其性质既不能仅描述为金属,也不能仅描述为氧化物。由于周期性势场在界面上并没有完全中断,只是在这个区域发生了明显的偏离或畸变,因此产生了一定数目的附加界面电子(界面态),从而会影响材料的使用性能[51]。由此可以想象,界面上氢原子的稳定性及其扩散行为将取决于界面的类型、结构和晶格的匹配性,进而可能影响 Al_2O_3 阻氚涂层的氢渗透过程。因此,详细了解 Al_2O_3/Fe-Al 界面的原子、电子结构特征及其对 Al_2O_3 涂层中氢的稳定性和扩散行为,乃至对阻氚性能的影响,以及氢原子对界面结构和结合强度的影响等问题,对于全面、系统揭示 Al_2O_3 阻氚涂层阻滞氢渗透的作用机理和改善 Al_2O_3 阻氚涂层界面的结合性能具有重要意义。

中国工程物理研究院建立了 α-Al_2O_3 与 FeAl 合金间的 Fe、Al 混合氧化物(Al/Fe/O 界面)和 Al_2O_3(Al/O 界面)两种界面(图 5.25)。在此基础上,研究了界面的原子、电子结构及其对 α-Al_2O_3 中氢原子的稳定性及其扩散行为的影响,并分析了界面氢原子对界面的结合强度和原子结构的损伤效应[52]。

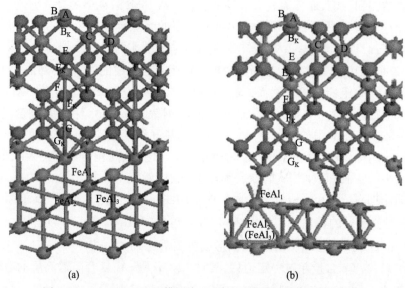

图 5.25　α-Al_2O_3/FeAl 模型中 H 原子可能的吸附位置(见彩插)

字母 A、C 和 D 分别表示组元 α-Al_2O_3 中的第 1、2 和 4 层上 Al 原子上方的吸附位,B、E、F 和 G 分别表示第 2、5、8 和 11 层上 O 原子上方的吸附位;B_K、E_K、F_K 和 G_K 分别表示第 2、5、8 和 11 层上 O 原子下方的吸附位。$FeAl_1$、$FeAl_2$,$FeAl_3$ 分别表示组元 FeAl 的横截表面及其次表面的吸附位。其中,在 Al/Fe/O 界面中 $FeAl_2$、$FeAl_3$ 表示八面体间隙位;在 Al/O 界面中 $FeAl_2$、$FeAl_3$ 表示 Fe 三角(Fe 原子组成的三角形)的两侧的吸附位。
(a)有 Al/Fe/O 界面的 α-Al_2O_3/FeAl;(b)有 Al/O 界面的 α-Al_2O_3/FeAl。

α-Al_2O_3 与 FeAl 合金间界面连接主要涉及离子键和金属键两种。其中,离子键特性与 α-Al_2O_3 中的相似,金属键特性与 FeAl 中的相似。Fe、Al 混合氧化物界面主要通过 Fe—O 键和 Al—O 键结合,Al_2O_3 界面则主要通过 Fe—Al 键和 Al—O 键结合,如表 5.7 所列。

表 5.7　α-Al_2O_3/FeAl 的 Al/O 和 Al/Fe/O 界面处理原子间距在结构优化前、后的变化情况,加粗数字表示最短的原子间距

键类型	原子间距/Å				实验值
	Al/O 界面		Al/Fe/O 界面		
	优化前	优化后	优化前	优化后	
Fe—Al	2.09~2.65	2.39~2.64	2.04~2.65	2.38~2.69	2.51(体相 FeAl)
Fe—Fe	2.16~2.91	2.51~2.67	2.91	3.02	2.90(体相 FeAl) 2.90~2.97(α-Fe_2O_3)
Fe—O	—	—	2.23~2.26	2.14~2.17	1.94~2.11(α-Fe_2O_3)

续表

键类型	原子间距/Å				实验值
	Al/O 界面		Al/Fe/O 界面		
	优化前	优化后	优化前	优化后	
Al—O	1.56~2.04	1.78~1.98	1.83~2.08	1.66~1.98	1.86~1.97(α-Al$_2$O$_3$)
Al—Al	2.61~3.23	2.47~3.12	2.16~3.23	2.54~3.47	2.65~3.50(α-Al$_2$O$_3$); 2.90(bulk FeAl)

为了分析界面对组元电子结构的影响范围及相应界面连接价键的类型,图 5.26 给出了 α-Al$_2$O$_3$/FeAl 中 Al、Fe 和 O 原子的分波态密度。其中,与 α-Al$_2$O$_3$ 体结构中 O 原子态密度相比,在有 Al/Fe/O 界面 α-Al$_2$O$_3$/FeAl(图 5.26(a))中,组元 α-Al$_2$O$_3$ 中 O 原子 s 态的区间明显展宽,且向低能级迁移,-2.8~-1.9eV 区间出现 O 原子的 p 态。与离界面距离相对远(靠近组元 α-Al$_2$O$_3$ 中心)的 O 原子(O$_2$ 和 O$_3$)不同,界面附近 O 原子(O$_1$)的态密度还在 0.75eV 附近出现。组元 α-Al$_2$O$_3$ 表面 O 原子的态密度则向高能级迁移,可见界面对组元 α-Al$_2$O$_3$ 电子结构的影响仅在界面附近区域(局域性影响)。在 -21.7~-18.6eV 区间,组元 FeAl 中 Al 原子(Al$_1$)的 3sp 态和 Fe 原子(Fe$_1$)的 4s 态分别与 O 原子(O$_1$)的 2s 态发生了杂化,同时 Al$_1$ 的 3sp 态和 Fe$_1$ 的 6d 态在 -10.4~-1.9eV 区间也与 O$_1$ 的 2p 态交叠,可见组元 α-Al$_2$O$_3$ 与 FeAl 间形成了 Al—O 键、Fe—O 键。在 -2.5~0.75eV 区间,Al$_1$ 的 3sp 态和 Fe$_1$ 的 6d 态交叠,表明 Al$_1$ 与 Fe$_1$ 间形成了金属键。此后随着各原子位置离界面距离的增加,Fe 原子(Fe$_2$)和 Al 原子(Al$_2$、Al$_3$)的态密度与 FeAl 体结构中 Fe、Al 原子的态密度越来越接近,即 Al 的 p 态与 Fe 原子的 d 态间发生了明显的杂化。与 Al$_2$、Al$_3$ 相比,组元 α-Al$_2$O$_3$ 中 Al 原子(Al$_4$)的态密度在费米能级附近没有出现,这也表明界面对组元电子结构的影响是局域性的。

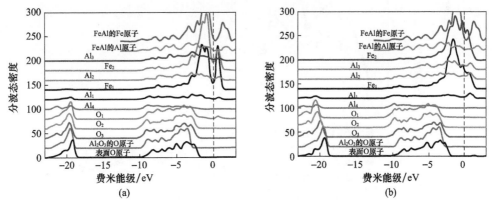

图 5.26　α-Al$_2$O$_3$/FeAl 界面中 Al、Fe 和 O 原子的分波态密度(见彩插)

图中原子编号及其在 α-Al$_2$O$_3$/FeAl 中的位置如图 5.25 所示。

(a) 有 Al/Fe/O 界面的 α-Al$_2$O$_3$/FeAl;(b) 有 Al/O 界面的 α-Al$_2$O$_3$/FeAl。

在有 Al/O 界面的 α-Al$_2$O$_3$/FeAl(图 5.26(b))中,随着各原子位置离界面距离的增加,它们各自的态密度也与组元体相结构中相应原子的态密度越来越相近。但是,组元 α-Al$_2$O$_3$ 中 O$_1$、O$_2$ 和 O$_3$ 的态密度向低能级迁移的现象更加明显,特别是 O 原子 2s 态出现在-20eV以下区间,只有表面O原子的p态出现在-2.8~-1.9eV区间。组元FeAl中Al原子(Al_1)的3sp轨道与氧原子(O_1)的2s轨道在-22.7~-19.8eV区间发生了微小杂化,表明Al—O键的形成,而Al_1的3sp轨道和Fe原子(Fe_1)的6d轨道在-2.5~0.75eV区间的交叠,表明Al_1与Fe_1间金属键的形成。离界面距离相对远的Fe原子Fe_2和Al原子Al_2、Al_3的态密度与FeAl体结构中Fe、Al原子的态密度相似,这也表明界面对组元电子结构的影响是局域性的。

综上所述,$α-Al_2O_3$与FeAl合金间的界面连接主要涉及阴阳离子相互作用和金属原子相互作用两种。此外,$α-Al_2O_3$/FeAl界面对其组元电子结构的局域性影响意味着$α-Al_2O_3$/FeAl界面对氢行为的影响将主要发生在界面附近区域。

随着O原子位置逐渐由$α-Al_2O_3$/FeAl表面向界面移动,O原子的s、p态不仅向低能级迁移,而且其区间还展宽,从而减少了与H原子的s态相互交叠的密度,故组元$α-Al_2O_3$中H原子的稳定性相对于表面明显降低,但是在界面上,组元FeAl中H原子稳定性则显著增加。与有Al/Fe/O界面的$α-Al_2O_3$/FeAl相比,有Al/O界面的组元$α-Al_2O_3$中O原子态密度向低能迁移趋势更显著,因此相应组元$α-Al_2O_3$中H原子相对不稳定,容易扩散,同时H原子在Al/Fe/O界面上易发生横向扩散,而在Al/O界面上易通过界面发生纵向扩散。因此,$α-Al_2O_3$/FeAl复合阻氚涂层的Fe、Al混合氧化物界面更有利于阻滞氢的渗透。H原子由$α-Al_2O_3$/FeAl表面进入组元$α-Al_2O_3$为热力学非自发反应(吸热反应),随后H原子再由组元$α-Al_2O_3$进入组元FeAl为热力学自发反应(放热反应)。H原子在$α-Al_2O_3$/FeAl中的吸附位能曲线如图5.27所示。

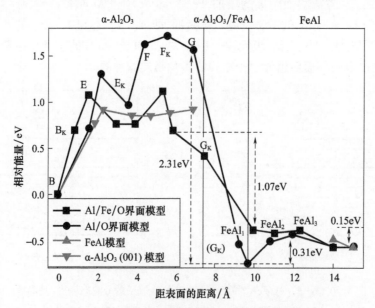

图5.27 H原子在$α-Al_2O_3$/FeAl中的吸附位能曲线

图中编号及其在$α-Al_2O_3$/FeAl中对应的位置如图5.25所示。经吸附位G_K、$FeAl_1$的垂直实线是组元$α-Al_2O_3$与组元FeAl的边界。

$α-Al_2O_3$/FeAl中H原子扩散的最小势能曲线及原子结构构型图如图5.28所示。组元$α-Al_2O_3$中H原子扩散行为机制和动力学限制途径与$α-Al_2O_3$中的相似。H原子通

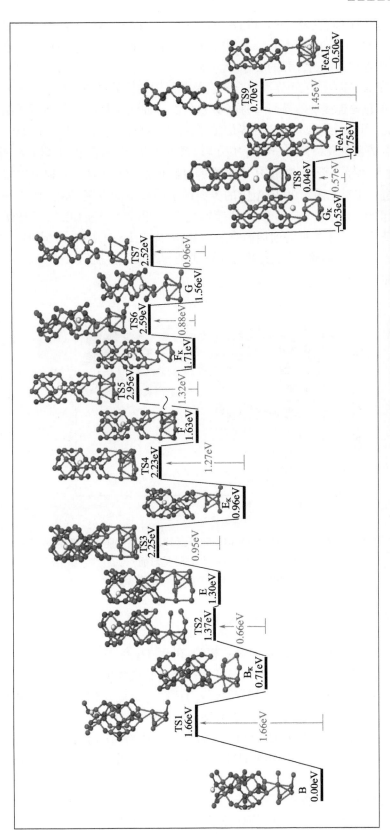

图 5.28 有 Al/O 界面的 α-Al₂O₃/FeAl 中 H 原子扩散的最小势能曲线及原子结构构型图（见彩插）

过界面(纵向扩散)的较优路径为:G→TS7→G_K→TS8→$FeAl_1$。随后,H 原子由界面采用围绕 Fe 原子旋转的方式进入组元 FeAl 中。其中,组元 α-Al_2O_3 中 H 原子的扩散是 α-Al_2O_3/FeAl 中氢扩散渗透过程的决速步。

4. H 原子对 α-Al_2O_3/FeAl 界面结合强度及其原子结构的损伤

Al/O 界面的理论连接功随界面 H 原子数量的变化曲线及相应的界面原子结构构型如图 5.29 所示。图中还给出了相应的界面原子结构。可以看到,当 1 个 H 原子出现在 Al/O 界面的 H 势阱(最稳定的 $FeAl_1$ 位)时,理论界面连接功由 $1.50J/m^2$ 增加到 $1.53J/m^2$(增加了 2%)。此后,随着 H 原子数的继续增加,Al/O 界面的理论连接功也随之有所增加。进一步对比图 5.29 中相应的界面原子结构情况发现,界面 H 原子的出现和聚集没有引起 Al—O、Fe—Fe 或 Fe—Al 等键出现破坏(断裂)现象。Al/Fe/O 界面的理论连接功也随着 H 原子数量的增加而有所增加,界面上 Fe—O、Al—O 或 Fe—Al 等键长变化量都小于 0.1Å。因此,界面上 H 原子的出现和聚集不会损伤 α-Al_2O_3/FeAl 界面的结合强度和原子结构。

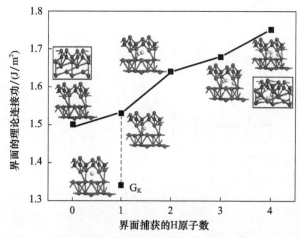

图 5.29 Al/O 界面的理论连接功随界面 H 原子数的变化曲线及
相应的界面原子结构构型(见彩插)

蓝色方框中为 Al/Fe/O 界面的原子结构构型。

5.1.2 Al_2O_3/Cr_2O_3 复合阻氚涂层

涂层的高温稳定性与涂层内部应力密切相关,在 Al_2O_3 与 316L 基底间加入 Cr_2O_3 过渡层后,涂层体系从基底开始形成了由高至低的热膨胀系数梯度。热膨胀系数的变化出现了一个过渡区域,由热膨胀系数差异引起的应力值随之降低,因而高温性能更加稳定。此外,引入 Cr_2O_3-Al_2O_3 界面也有利于氢在界面处的迁移率降低。因此,以北京有色金属研究总院、华中科技大学等为代表的科研机构开展了 Cr_2O_3/Al_2O_3 复合阻氚涂层的研究,开发了金属有机物化学气相沉积(MOCVD)、电泳沉积、包埋渗铝溶胶-凝胶以及射频磁控沉积等制备工艺。

1. 金属有机物化学气相沉积

北京有色金属研究总院利用 MOCVD 技术在 316L 基底表面制备了 Cr_2O_3/Al_2O_3 复

合阻氚涂层[53-54]。通过对 Cr_2O_3 厚度、退火温度以及层结构等因素的系统研究,在 316L 基底表面制备出致密、无明显缺陷、结合紧密的 Cr_2O_3/Al_2O_3 复合阻氚涂层,如图 5.30 所示。其中,Cr_2O_3 为六方结晶相,而 Al_2O_3 涂层为非晶相,如图 5.31 所示。

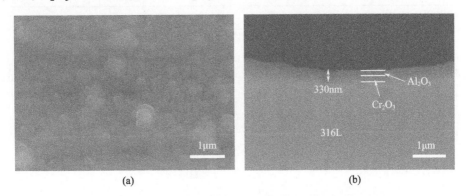

图 5.30 Cr_2O_3/Al_2O_3 复合阻氚涂层的微观形貌

(a)表面形貌;(b)截面形貌。

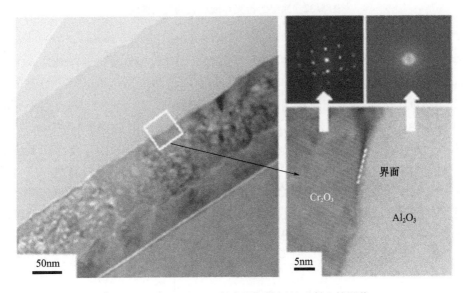

图 5.31 Cr_2O_3/Al_2O_3 复合阻氚涂层的透射电镜图像

根据涂层致密度与折光率(图 5.32)关系可得到涂层的相对致密度,折光率以及致密度数据见表 5.8。可以看到,单层 Cr_2O_3 与复合涂层中的 Cr_2O_3 相对致密度相似,分别为 95.3% 和 93.4%。单层 Al_2O_3 相对致密度为 88.7%,涂层复合 Cr_2O_3 后,Al_2O_3 的致密度变为 94.3%。

表 5.8 涂层折光率(入射波长为 632.8nm)与相对致密度

涂层	折光率 n	理想折光率 n_d	相对致密度 d
单层 Al_2O_3	1.59	1.65	88.7%
单层 Cr_2O_3	2.45	2.5	95.3%

续表

涂层	折光率 n	理想折光率 n_d	相对致密度 d
复合层中的 Al_2O_3	1.62	1.65	94.3%
复合层中的 Cr_2O_3	2.43	2.5	93.4%

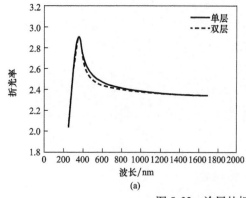 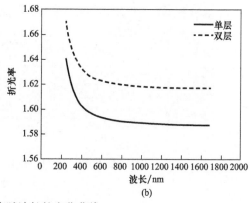

图 5.32 涂层的折光率随波长的变化曲线

(a) Cr_2O_3 涂层;(b) Al_2O_3 涂层。

在 316L 不锈钢表面分别制备厚度为 222nm(1#)、382nm(2#)、482nm(3#)和 904nm(4#)的 Cr_2O_3 涂层后,再在 Cr_2O_3 涂层表面制备相同厚度的 Al_2O_3 涂层。550~700℃下,Cr_2O_3/Al_2O_3 复合阻氚涂层的氢渗透曲线见图 5.33。由图 5.33 可以推导出,1# 与 2# Cr_2O_3/Al_2O_3 复合阻氚涂层的阻氢渗透性能较高,HPRF 分别为 93.7 和 389.1,而 3#与 4#涂层的 HPRF 分别仅为 31.4 和 53.1。因此,制备 Cr_2O_3/Al_2O_3 复合阻氚涂层时,Cr_2O_3 涂层厚度应控制在 382nm 以内。该厚度内的过渡层不会产生过高的内应力,从而获得阻氚渗透性能较好的复合阻氚涂层。此外,1#与 2#涂层在氢渗透后依然保持了良好的致密度,涂层表面没有出现微孔或裂纹等缺陷,而 3#涂层表面出现了大量微裂纹,4#涂层表面甚至出现了大量疏松的通孔形貌,如图 5.34 所示。

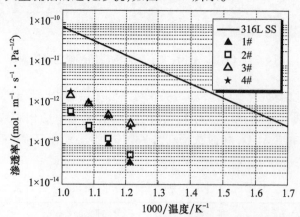

图 5.33 Cr_2O_3 涂层厚度对 Cr_2O_3/Al_2O_3 复合阻氚涂层氢渗透率的影响

1#—Cr_2O_3 涂层厚度为 222nm;2#—Cr_2O_3 涂层厚度为 382nm;
3#—Cr_2O_3 涂层厚度为 482nm;4#—Cr_2O_3 涂层厚度为 904nm。

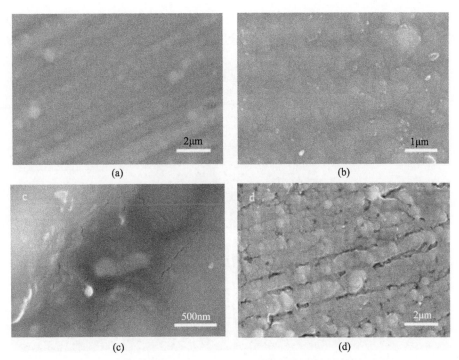

图 5.34　氢渗透测试后 Cr_2O_3/Al_2O_3 复合阻氚涂层表面微观形貌

(a) 1#—Cr_2O_3 层厚度为 222nm；(b) 2#—Cr_2O_3 层厚度为 382nm；
(c) 3#—Cr_2O_3 层厚度为 482nm；(d) 4#—Cr_2O_3 层厚度为 904nm。

然而，鉴于 Cr_2O_3/Al_2O_3 复合阻氚涂层中 Al_2O_3 涂层为非晶相，需退火处理从而提高涂层的性能。退火处理后，涂层的表面形貌见图 5.35。700℃退火处理后，涂层表面的团聚颗粒形貌消失，出现了明显的 γ-Al_2O_3 结晶颗粒。经过 900℃ 退火后，涂层中大部分 Al_2O_3 转变成 γ-Al_2O_3，并且在 Cr_2O_3 和 Al_2O_3 界面附近有部分 Al_2O_3 转变成了 α 相，如图 5.36 所示。非晶相在晶型转变时，必然存在涂层的体积收缩。非晶相 Al_2O_3 转变为 γ 相后，体积收缩率为 6.25%；而 γ-Al_2O_3 转变为 α 相时，体积收缩率甚至达到 19.3%。Cr_2O_3 过渡层的引入，降低了涂层的内应力，进而降低了微裂纹出现的程度和数量。

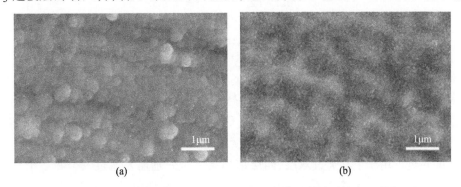

图 5.35　不同温度退火后，Cr_2O_3/Al_2O_3 复合阻氚涂层的表面形貌

(a) 700℃；(b) 900℃。

Cr_2O_3/Al_2O_3 复合阻氚涂层在 700℃和 900℃退火处理后的氢渗透曲线如图 5.37 所示。由图 5.37 可以推导出,Cr_2O_3/Al_2O_3 复合阻氚涂层在 550~700℃的 HPRF 为 108.1~389.1。

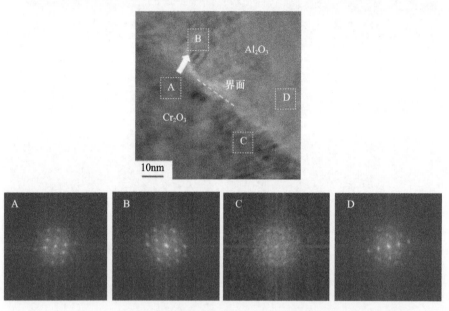

图 5.36 Cr_2O_3/Al_2O_3 复合阻氚涂层经过 900℃退火后的界面形貌及衍射斑点

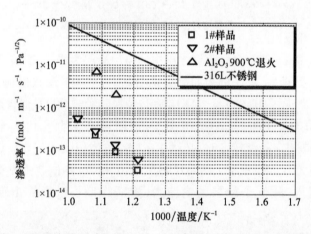

图 5.37 退火处理对 Cr_2O_3/Al_2O_3 复合阻氚涂层氢渗透率的影响

图 5.38 所示为双层结构与四层结构 Cr_2O_3/Al_2O_3 复合阻氚涂层的氢渗透曲线。四层结构涂层在 550℃时的 HPRF 为 1359.2,高于双层结构涂层的 HPRF 约 2.5 倍。四层结构复合阻氚涂层由表面至基底依次为 Al_2O_3、Cr_2O_3、Al_2O_3、Cr_2O_3 层,各层厚度依次为 76nm、80nm、70nm 和 76nm(图 5.39),总厚度为 302nm,与 Cr_2O_3/Al_2O_3 双层结构涂层厚度 330nm 相近。由于氢在通过双层、四层结构涂层时分别需要通过一个和三个界面,界面数量是三倍关系,导致其在涂层中的渗透率降低。激活能也显示,四层结构涂层的激活能为 161.0 kJ/mol,高于双层结构涂层的激活能(102.6kJ/mol)。由此可见,四层结构涂层激活能的提高是由于界面数量的增加,即氢通过 Cr_2O_3/Al_2O_3 界面时会受到较高的阻

力。氢在界面处的迁移率降低,导致其在涂层中的渗透率下降。然而,在氢渗透测试完成后对涂层进行第二轮测试时,由于涂层失效,涂层的阻氢渗透性能出现大幅下降,550~700℃下的 HPRF 仅为 124.1~192.7[54]。

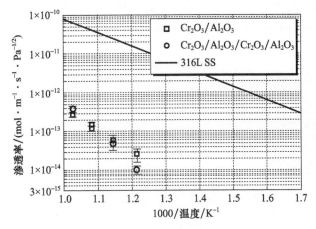

图 5.38　层结构对 Cr_2O_3/Al_2O_3 复合阻氚涂层氢渗透率的影响

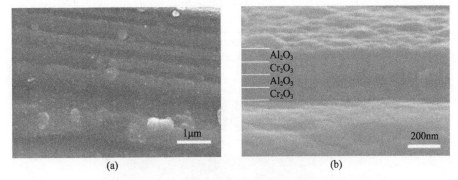

图 5.39　$Cr_2O_3/Al_2O_3/Cr_2O_3/Al_2O_3$ 复合阻氚涂层的微观形貌
(a) 表面形貌;(b) 截面形貌。

2. 其他制备技术

华中科技大学采用电泳沉积法制备了 Al_2O_3/Cr_2O_3 复合阻氚涂层[53]。电泳沉积后,Al_2O_3/Cr_2O_3 复合阻氚涂层经过60℃干燥2h、550℃(升温速率1℃/min)保温1h后获得了平整致密的 Al_2O_3/Cr_2O_3 复合阻氚涂层。涂层界面结合紧密,并表现出优异的抗腐蚀性能。

四川大学通过对 Ar/O_2 气体比例调控,采用PVD法制备了纳米级厚的多层 $Cr_2O_3/\alpha\text{-}Al_2O_3$ 复合阻氚涂层(图 5.40)[55]。当 Ar/O_2 气体比例为1∶2时,Cr_2O_3/Al_2O_3 复合阻氚涂层具有较好的纳米硬度(19.6GPa)、耐腐蚀性和抗辐射性,但在550~700℃下该复合阻氚涂层的 DPRF 仅为40~746。

5.1.3　Al_2O_3/TiC 复合阻氚涂层

在常规的等离子热喷涂中,涂层的孔隙率一般在10%~20%,而 TiC 在氧化成 TiO_2 后会带来最多53%的体积增生。基于此,华中科技大学通过应力模拟计算和热冲击实验设计了两种自愈合复合阻氚涂层(图5.41)[53]:①三层复合阻氚涂层 TiC(20μm)+TiC/Al_2O_3(质量分数1:1,40μm)+Al_2O_3(40μm);②四层复合阻氚涂层 TiC(10μm)+TiC/Al_2O_3(质量分数3:1,30μm)+TiC/Al_2O_3(质量分数1:1,30μm)+Al_2O_3(30μm)。在实际喷涂过程中,有一小部分 TiC 转变成了 TiO_2,因此中间层使用50%(质量分数)TiC+50%(质量分数)Al_2O_3。

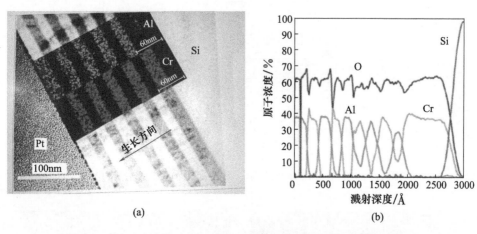

图5.40 PVD法制备的 Cr_2O_3/Al_2O_3 复合阻氚涂层的截面形貌(见彩插)
(a) TEM 形貌;(b) AES 图谱。

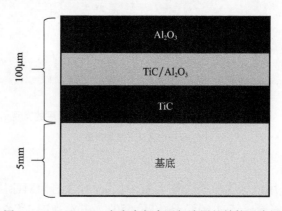

图5.41 Al_2O_3/TiC 自愈合复合阻氚涂层的结构示意图

在此基础上,通过大气等离子喷涂技术在衬底上制备了 TiC/TiC+Al_2O_3(1:1)/Al_2O_3 复合阻氚涂层。自愈合热处理后,该复合阻氚涂层的孔隙率明显降低,TiC 与基体结合良好。经过600℃到室温的循环冷热冲击400次后,未观察到明显的涂层失效现象(图5.42)。

氧离子辐照后,TiO_2、Al_2O_3、TiO_2/Al_2O_3 复合阻氚涂层在辐照后均没有观测到成分或者物相变化,也未观测到辐照肿胀或孔洞。辐照后,TiC+TiC/Al_2O_3(过渡层)+TiC/Al_2O_3(质量分数1:1)复合阻氚涂层与基体很好地融为一体,可见 TiO_2/Al_2O_3 复合阻氚涂层具有良好的抗辐照性能(图5.43)[55]。

图 5.42 自愈合热处理的 TiC/TiC+Al$_2$O$_3$/Al$_2$O$_3$ 复合阻氚涂层样品经过
600℃至室温的循环冷热冲击 400 次后的外观和表面形貌
(a)热冲击前外观;(b)热冲击后外观;(c)热冲击前表面形貌;(d)热冲击后表面形貌。

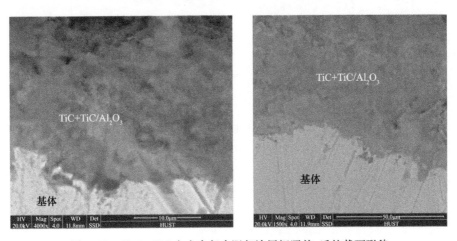

图 5.43 Al$_2$O$_3$/TiC 自愈合复合阻氚涂层辐照前、后的截面形貌

5.1.4　Al_2O_3/Er_2O_3 复合阻氚涂层

欧盟综合考虑到 Er_2O_3、Al_2O_3 涂层防氚渗透能力强及金属 W 耐液态 Li-Pb 腐蚀能力强的优点,提出了 $Er_2O_3/Al_2O_3/W$ 复合阻氚涂层[56],以探索符合液态锂铅包层要求的涂层材料及工艺。国内采用磁控溅射方法制备了 Er_2O_3/Al_2O_3 复合阻氚涂层(图 5.44)[57]。在 600~800℃ 退火处理后,涂层中先出现了 $Er_4Al_2O_9$,随后转变为 $Er_6Al_{10}O_{24}$。由图 5.45 可推导出,在 600℃ 下,1.2mm 厚的 $Er_2O_3/Al_2O_3/W$ 复合阻氚涂层的 DPRF 为 160(图 5.45)。在氚渗透过程中,复合阻氚涂层保持表面结构致密,但纳米硬度从 9.55 GPa 降至 7.46 GPa,表明氚原子的侵入导致了涂层结构变化。

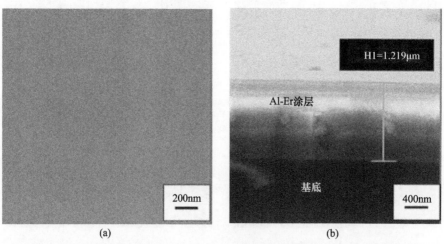

图 5.44　PVD 法制备的 Er_2O_3/Al_2O_3 复合阻氚涂层的表面形貌和截面形貌
(a)表面形貌;(b)截面形貌。

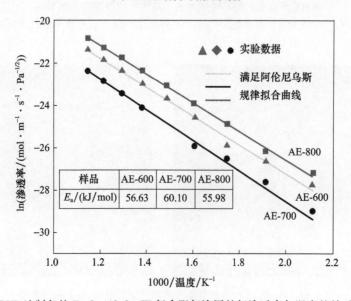

图 5.45　PVD 法制备的 $Er_2O_3/Al_2O_3/W$ 复合阻氚涂层的氚渗透率与温度的关系(见彩插)

5.1.5　Al-Cr-O 复合阻氚涂层

德国通过脉冲增强电子束发射沉积技术制备了 1μm 厚的 Al-Cr-O 复合阻氚涂层。该涂层与基体结合优异,在 700℃气相中,DPRF 高达 2000~3500,如图 5.46 所示[58]。如此优良的阻氚性能主要归因于涂层中的 Cr_2O_3 促进了 $\alpha\text{-}Al_2O_3$ 的低温形核和生长,实现了 $\alpha\text{-}(Al,Cr)_2O_3$ 复合阻氚涂层的形成,但是所用的沉积技术对异形结构件的适应性弱。

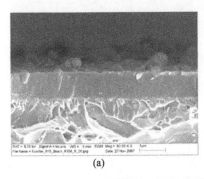 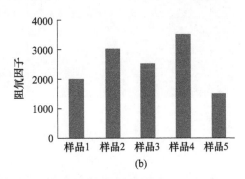

(a)　　　　　　　　　　　　　(b)

图 5.46　脉冲增强电子束发射沉积法制备的 Al-Cr-O 复合阻氚涂层的截面形貌和阻氚因子
(a)截面形貌;(b)阻氚因子。

为此,围绕工程化制备及应用,浙江大学提出采用"电沉积铬-ECA-热处理-选择性氧化"法制备了 Al-Cr-O 复合阻氚涂层[59]。首先,系统地研究了热处理温度、时间、热处理气氛、Al/Cr 厚度比以及 Al/Cr 总厚度对 Al-Cr 合金涂层组织结构的影响,确定各种组成 Al-Cr 涂层的制备可能性及条件。经 740℃、16h 热处理后,成功制备出 Al_8Cr_5 涂层(图 5.47)。最后,根据合金的选择性氧化原理与氧化相图理论,从控制合金含量、氧化气氛、氧化时间和预处理等方面的调控,在 720℃的氩气气氛中经过 100h 氧化,在 Al_8Cr_5 涂层表面获得了 110nm 厚的 $\alpha\text{-}Al_2O_3$ 膜(图 5.48)。

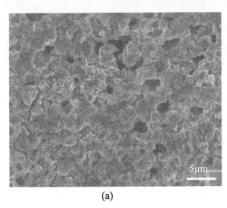 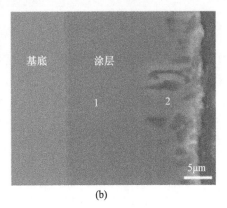

(a)　　　　　　　　　　　　　(b)

图 5.47　"电沉积铬-ECA-热处理"法制备的 Al_8Cr_5 涂层的表面形貌和截面形貌
(a)表面形貌;(b)截面形貌。

5.1.6　其他 Al_2O_3 基复合阻氚涂层

日本富山大学采用电泳沉积、溶胶-凝胶复合技术在 SS430 铁素体不锈钢上制备了

100nm 厚的磷酸镁/ZrO_2/Al_2O_3 复合阻氚涂层(图 5.49)[60]。在 300~600℃ 下,该涂层的 HPRF 为 200~3000。

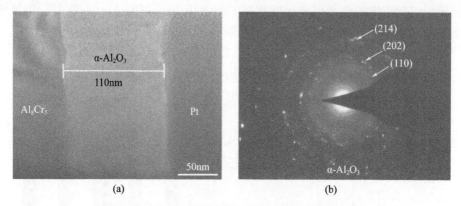

图 5.48　Al_8Cr_5 涂层表面 α-Al_2O_3 膜的 TEM 形貌

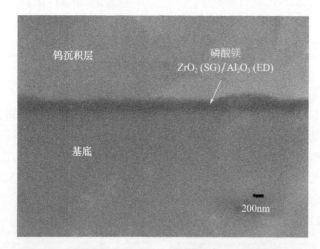

图 5.49　磷酸镁/ZrO_2/Al_2O_3 复合阻氚涂层的截面形貌

中国科学院等离子体物理研究所宋勇等综合考虑了 Al_2O_3 阻氚渗透和电绝缘性能优异,热膨胀系数介于基体钢与 SiC 之间,以及 SiC 与液态 Li-Pb 相容性好的优点,提出了 Al_2O_3/SiC 复合阻氚涂层概念,在提高阻氚涂层的防氚渗透性能的同时,增强其耐液态 Li-Pb 腐蚀能力。

5.2　Cr_2O_3 基复合阻氚涂层

以日本原子力研究所为代表的研究机构开展了 Cr_2O_3 基复合阻氚涂层的研究,针对涂层的制备工艺、性能、工程化、涂层中氢行为及其应用评估等方面开展了系统研究。国内基于直接制备方法研发了 $AlPO_4$/Cr_2O_3 和 Y_2O_3/Cr_2O_3 复合阻氚涂层的制备工艺。

5.2.1　Cr_2O_3/SiO_2/$CrPO_4$ 复合阻氚涂层

日本 JAERI 采用化学密实化(CDC)法在 316L 不锈钢表面制备了 SiO_2/Cr_2O_3/$CrPO_4$

复合阻氚涂层,具体的工艺流程如图 5.50 所示[61-62]。CDC 法已在日本获得工程应用,其优点是涂覆简单、制备温度低、工程应用方便。所制涂层的厚约 60μm,主体为 Cr_2O_3,SiO_2 占 30%(质量分数),DPRF 大于 100,但该涂层表面有孔洞,浸到 600℃ 的液态 Li-Pb 中不稳定。在密实化过程中加入 $CrPO_4$ 来填充孔洞(图 5.51),显著提高了涂层的抗热冲击性和高温下的黏附性,涂层更加致密。由图 5.51 可推导出,600℃ 下,DPRF 为 1000。

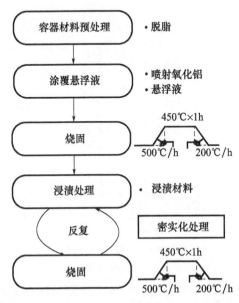

图 5.50　CDC 法制备 $Cr_2O_3/SiO_2/CrPO_4$ 复合阻氚涂层的工艺流程

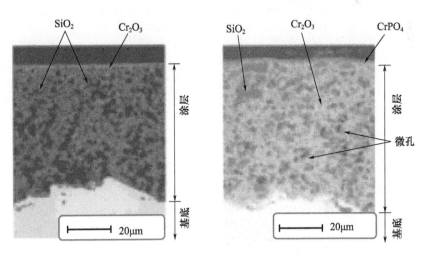

图 5.51　SiO_2/Cr_2O_3 和 $Cr_2O_3/SiO_2/CrPO_4$ 复合阻氚涂层的截面形貌

但采用 CDC 法处理 F82H 模具钢后发现,涂层的阻氚渗透性能显著退化。采用图 5.52 所示装置测试表明,600℃ 下,DPRF 为 400,TPRF 为 307;400℃ 下,DPRF 为 600。在 6MW 反应堆内辐照 4h 后,涂层在 600℃ 下的 TPRF 为 292。

通过核反应分析(NRA)法观察连续暴露于氘等离子体的 $Cr_2O_3/SiO_2/CrPO_4$ 复

合阻氚涂层中的氚深度分布[63]。该深度分布由表面氚吸收峰和体相扩散氚两部分组成(图5.53)。涂层表面氚密度在氚等离子体暴露后很快变得恒定,且不依赖于样品温度,而且氚在体相中非常缓慢地扩散。例如,氚扩散系数在290℃时为 $6.0 \times 10^{-17} m^2/s$。

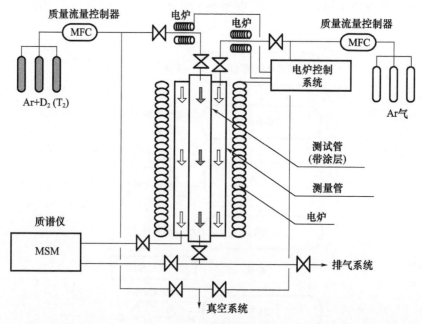

图5.52 管道表面 $Cr_2O_3/SiO_2/CrPO_4$ 复合阻氚涂层氘(氚)渗透率测试装置示意图

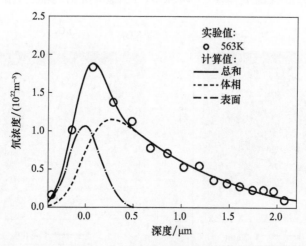

图5.53 290℃下 $Cr_2O_3/SiO_2/CrPO_4$ 复合阻氚涂层中的氚深度分布

基于上述核反应分析法结果,采用 TMAP 模块分析、评估了在日本水冷固态包层模块(WCSB)工况下(表5.9), $Cr_2O_3/SiO_2/CrPO_4$ 复合阻氚涂层对 WCSB 冷却管路中氚渗透的影响,结果如图5.54所示[64]。可以看出,在有涂层的情况下,氚通过 F82H 冷却管的渗透率将降低四个数量级。

表 5.9　日本水冷固态包层模块（WCSB）的工况

温度/℃	325
吹扫气	He-0.1%H_2
吹扫气流速/(N·m³/h)	2.59
T_2/H_2 分压比	1/100
氢扩散速率/(m²/s)	$6.5×10^{-8}$(F82H) $1.1×10^{-16}$(CDC 涂层)

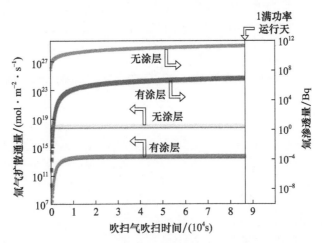

图 5.54　$Cr_2O_3/SiO_2/CrPO_4$ 复合阻氚涂层对 WCSB 冷却管路中氚气扩散通量及吹扫气中氚渗透量的影响

5.2.2　$AlPO_4/Cr_2O_3$ 复合阻氚涂层

华中科技大学、日本富山大学采用浸渍-提拉联合技术制备了 $AlPO_4/Cr_2O_3$ 复合阻氚涂层，$AlPO_4$ 对 Cr_2O_3 涂层表面具有良好的密封作用，且两种涂层界面紧密结合，无孔隙和裂纹[65]。$AlPO_4/Cr_2O_3$ 复合阻氚涂层的抗腐蚀性能和阻氚性能要优于单一 Cr_2O_3 涂层，但 $AlPO_4$ 是脆性相，在压力作用下易产生裂纹。

图 5.55 所示为不同浸渍-提拉次数下 $AlPO_4/Cr_2O_3$ 复合阻氚涂层的 XRD 图谱。随着浸渍-提拉次数的增加，$AlPO_4$ 的衍射峰强度不断增强，表明 $AlPO_4$ 的厚度随着浸渍-提拉次数的增加而增加。

单一 Cr_2O_3 涂层的孔隙率达 12.6%。随着浸渍-提拉次数的增加，$AlPO_4$ 薄膜不断增厚，涂层的孔隙率显著下降后，趋于平稳，最终在孔隙率为 1.5% 时达到稳定，如图 5.56 所示。

图 5.57 所示为 $AlPO_4/Cr_2O_3$ 复合阻氚涂层的截面形貌。由图可知，约 0.7μm 厚的 $AlPO_4$ 薄膜附着在 Cr_2O_3 表面，界面处无孔洞、裂纹等缺陷。400℃下 $Cr_2O_3/AlPO_4$ 复合阻氚涂层的 DPRF 可达 10^3 以上，如图 5.58 所示。$AlPO_4/Cr_2O_3$ 复合阻氚涂层的硬度高于基材和 Cr_2O_3 涂层的硬度，如图 5.59 所示。

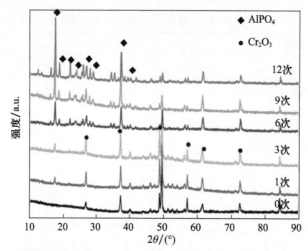

图 5.55 不同浸渍-提拉次数下 $AlPO_4/Cr_2O_3$ 复合阻氚涂层的 XRD 图谱(见彩插)

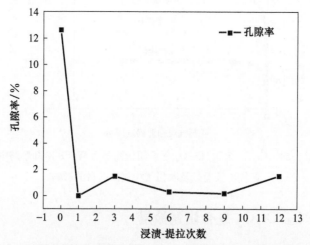

图 5.56 浸渍-提拉次数对 $AlPO_4/Cr_2O_3$ 复合阻氚涂层孔隙率的影响

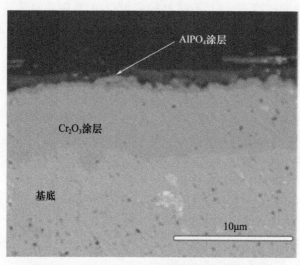

图 5.57 $AlPO_4/Cr_2O_3$ 复合阻氚涂层的截面形貌

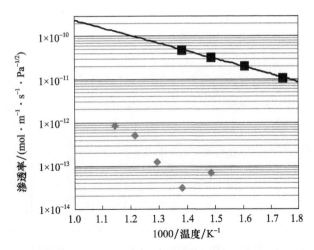

图 5.58 不同温度下,AlPO$_4$/Cr$_2$O$_3$ 复合阻氚涂层的氚渗透系数与温度的关系

◆—Cr$_2$O$_3$/AlPO$_4$ 复合阻氚涂层;■—F82H 钢。

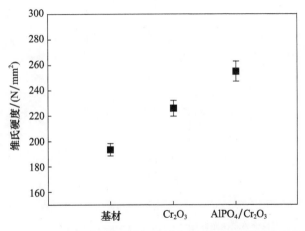

图 5.59 AlPO$_4$/Cr$_2$O$_3$ 复合阻氚涂层、基材和 Cr$_2$O$_3$ 复合阻氚涂层的维氏硬度

理论模拟研究表明[66],AlPO$_4$/Cr$_2$O$_3$ 复合阻氚涂层体系组元 α-AlPO$_4$(0001)表面中 H 原子扩散行为机制与动力学限制途径同 α-Al$_2$O$_3$ 中的相似,但 H 原子在 α-AlPO$_4$(0001)/α-Al$_2$O$_3$(0001)界面处的激活能(2.91eV,图 5.60)明显高于 α-AlPO$_4$(0001)表面的激活能(0.67eV)和 α-Al$_2$O$_3$(0001)表面的激活能(1.58eV)。这意味着涂层横向界面形成了具有高束缚能的不可逆陷阱(物理陷阱),从而构筑了氢同位素扩散渗透的屏障,如图 5.61 所示。

5.2.3 Y$_2$O$_3$/Cr$_2$O$_3$ 复合阻氚涂层

中国有色金属研究总院分别以 H$_2$ 和水蒸气为载气和反应气,采用 MOCVD 法在 316L 不锈钢上制备了 Y$_2$O$_3$/Cr$_2$O$_3$ 复合阻氚涂层(图 5.62)[67]。首先,以 Y(C$_{11}$H$_{19}$O$_3$)$_3$ 为前驱体,在 500℃下沉积 Y$_2$O$_3$,然后以 Cr(C$_5$H$_7$O$_2$)$_3$ 为前驱体在 500℃下沉积 Cr$_2$O$_3$。对于 Y$_2$O$_3$/Cr$_2$O$_3$ 复合阻氚涂层,当在 900℃的氩气氛中退火后,涂层中存在一些 Cr$_2$O$_3$ 峰;而在 700℃的 H$_2$ 气氛中退火后,Cr$_2$O$_3$(222)衍射峰变弱,而 Cr$_2$O$_3$(400)衍射峰值增

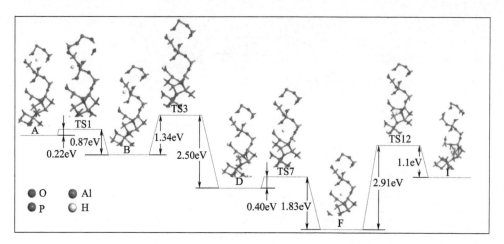

图 5.60 α-AlPO₄(0001)/α-Al₂O₃(0001)界面中 H 原子扩散的最小势能曲线及原子构型图（见彩插）

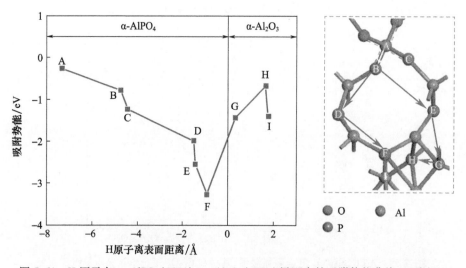

图 5.61 H 原子在 α-AlPO₄(0001)/α-Al₂O₃(0001)界面中的吸附势能曲线（见彩插）

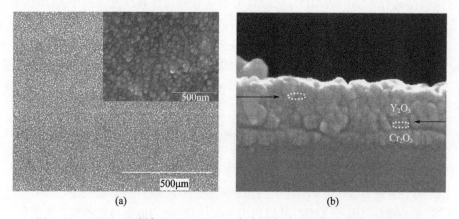

图 5.62 MOCVD 法制备的 Y₂O₃/Cr₂O₃ 复合阻氚涂层的表面形貌和截面形貌

(a)表面形貌；(b)截面形貌。

强,如图 5.63 所示。与单一 Y_2O_3 涂层相比,Cr_2O_3 复合后可显著提高涂层的阻氚性能。由图 5.64 可以推导出,Y_2O_3/Cr_2O_3(厚度为 120nm)复合阻氚涂层的 DPRF 在 600~700℃ 时约为 612~432,而单一 Y_2O_3 涂层的 DPRF 约为 435~272。此外,在 Ar 气氛中退火的 Y_2O_3/Cr_2O_3 复合阻氚涂层表现出更好的阻氚性能。

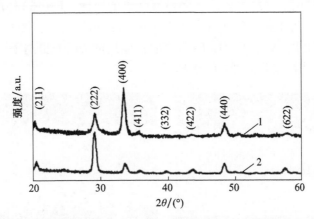

图 5.63 MOCVD 法制备的 Y_2O_3/Cr_2O_3 复合阻氚涂层在不同温度退火后的 XRD 图谱
1—973K;2—1173K。

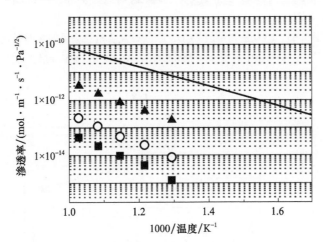

图 5.64 Y_2O_3/Cr_2O_3 复合阻氚涂层的氚渗透率与温度的关系
——316L 不锈钢;▲—Y_2O_3 阻氚涂层;○—H_2 气中退火的 Y_2O_3/Cr_2O_3 复合阻氚涂层;
■—氩气氛中退火的 Y_2O_3/Cr_2O_3 复合阻氚涂层。

5.3 Er_2O_3 基复合阻氚涂层

在液态氚增殖剂包层工况下,以单一阻氚涂层材料 Er_2O_3 为代表的候选绝缘材料并未表现出理想的稳定性。为此,基于 Er_2O_3 涂层的系统研究,日本开发了 Er_2O_3/Fe、Er_2O_3/ZrO_2 等 Er_2O_3 基复合阻氚涂层。

5.3.1 Er_2O_3/Fe 复合阻氚涂层

日本利用 PVD 法在 F82H 钢上制备了 Er_2O_3 涂层后,再通过射频磁控溅射将 Fe(Er) 沉积在 Er_2O_3 涂层上,从而获得了 Er_2O_3/Fe 复合阻氚涂层[68]。这种双层 Er_2O_3/金属复合阻氚涂层有效避免了内层陶瓷涂层受还原气氛的腐蚀。Fe(Er) 外层表面光滑,且与 Er_2O_3 内层结合良好,如图 5.65 所示。由图 5.66 可以推导出,在 700℃下,Fe 层氧化引起的表面效应使得 DPRF 增加,Er_2O_3/Fe 复合阻氚涂层的 DPRF 提高了 1000 倍,表明陶瓷-金属分层涂层结构可以获得更高的氚 PRF。

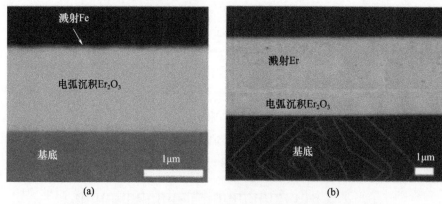

图 5.65 PVD 法制备的 Er_2O_3/Fe(Er) 复合阻氚涂层的截面形貌

(a) Er_2O_3/Fe 复合阻氚涂层;(b) Er_2O_3/Er 复合阻氚涂层。

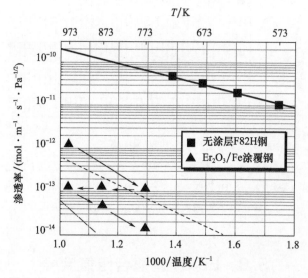

图 5.66 Er_2O_3/Fe 复合阻氚涂层的氚渗透率与温度的关系

5.3.2 Er_2O_3/ZrO_2 复合阻氚涂层

Mochizuki 等[69]先后以 Er_2O_3、ZrO_2 为前驱体,采用金属有机物沉积(MOD)技术制备

了 Er_2O_3/ZrO_2 复合阻氚涂层。沉积前，基体在 710℃ 下预处理 10min，然后依次沉积 Er_2O_3、ZrO_2。Er_2O_3/ZrO_2 复合阻氚涂层的 DPRF 约 1000，但在 500~600℃ 下的液态 Li-Pb 中浸渍 500h 后，涂层表面观察到损坏，如图 5.67 所示。

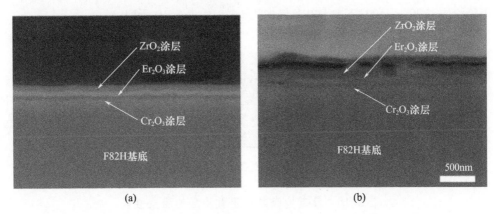

图 5.67 Er_2O_3/ZrO_2 复合阻氚涂层在 550℃ 的液态 Li-Pb 中浸渍前后的截面形貌
(a) 浸渍前；(b) 浸渍后。

5.3.3 Er_2O_3/SiC 复合阻氚涂层

在本底真空 5×10^{-4} Pa 下，基体经过加热除气、辉光溅射清洗、循环 Ar^+ 轰击后，Zhu 等[70] 分别以 Er_2O_3、SiC 为靶材，在 0.5Pa 下采用射频磁控溅射法，在 316L 不锈钢表面制备了 Er_2O_3 和 SiC 交替调制结构的 Er_2O_3/SiC 复合阻氚涂层，如图 5.68 所示。涂层结构致密、无空隙和微裂纹。其中，SiC 为无定形结构，DPRF 为 500。

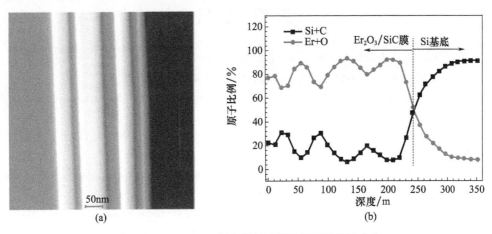

图 5.68 Er_2O_3/SiC 复合阻氚涂层的截面形貌及成分
(a) 截面形貌；(b) 成分。

5.4 Ti 基复合阻氚涂层

对 Ti 基复合阻氚涂层的研究主要集中在 20 世纪 90 年代，近几年有关 Ti 基复合阻氚涂层的研究报道相对较少。采用空心阴极沉积方法制备的 2~3μm 厚的 TiN/TiC/TiN 或

TiN/Ti/SiC 复合阻氚涂层在 200~500℃ 将 316L 不锈钢的氚渗透率降低了 4~6 个数量级（图 5.69）[71]。然而，制备方法及工艺对所制的 Ti 基复合阻氚涂层的 DPRF 影响显著，且高温氧化问题也需从根本上解决。采用 CVD 法制备的 TiN/TiC、Al_2O_3/TiN/TiC 复合阻氚涂层在 200~450℃ 下的 DPRF 仅为几十[1]，如表 5.10 所列。

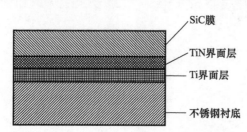

图 5.69　TiN/Ti/SiC 复合阻氚涂层的截面结构

表 5.10　钛基陶瓷复合阻氚涂层的阻氚性能

涂层材料	制备方法	涂层厚度/μm	基材	DPRF
TiC	CVD	1~2	钼合金	10
TiN/TiC	CVD	1.5/1.5	316L 不锈钢	10
Al_2O_3/TiN/TiC	CVD	4/1/1	316L 不锈钢	10
TiC/Ti	PVD	(2~2.5)/0.02	316L 不锈钢	10^4~10^6
TiN/TiC/Ti	PVD	(2~2.5)/1/0.02	316L 不锈钢	10^4~10^6

参 考 文 献

[1] 山常起,吕延晓. 氚与阻氚渗透材料[M]. 北京:原子能出版社,2005.

[2] 王佩璇,宋家树. 材料中的氢及氢渗透[M]. 北京:国防工业出版社,2002.

[3] CAUSEY R A,KARNESKY R A,MARCHI C S. Tritium barriers and tritium diffusion in fusion reactors[J]. J. Nucl. Mater. ,2012,4:511-549.

[4] 张桂凯,向鑫,杨飞龙,等. 我国聚变堆结构材料表面阻氚涂层的研究进展[J]. 核化学与放射化学,2015,37(5):118-128.

[5] KONYS J. Review of tritium permeation barrier development for fusion application in the EU[R]. Proceedings of ITER TBM Project Meeting,2004,UCLA.

[6] TAKAYUKI T. Research and development on ceramic coatings for fusion reactor liquid blankets[J]. J. Nucl. Mater. ,1997,248:153-158.

[7] AIELLO A,CIAMPICHETTI A,BENAMATI G. An overview on tritium permeation barrier development for WCLL blanket concept[J]. J. Nucl. Mater. ,2004,329-333:1398-1402.

[8] 姚振宇,AIELLO A. 带热浸铝涂层 MANETⅡ马氏体钢的氢渗透性能研究[J]. 核科学与工程,2002,22(1):36-42.

[9] CAO W,SANG G,SONG J F,et al. A deuterium permeation barrier by hot-dipping aluminizing on AISI321 steel[J]. Int. J. Hydrogen Energy,2016,41(48):23125-23131.

[10] FORCEY K S,ROSS D K. The formation of hydrogen permeation barriers on steels by aluminizing[J]. J.

Nucl. Mater. ,1991,182:36-51.

[11] 占勤,杨洪广,崴巍,等. 渗铝-真空预氧化制备 FeAl/Al_2O_3 防氚渗透涂层性能[J]. 材料热处理学报,2008,29(2):158-161.

[12] LUIS A,SEDANO C R,MICHAEL A. Modeling tritium extraction/permeation and evaluation of permeation barriers under irradiation[J]. J. Nucl. Mater. ,1996,233-237(Part 2):1411-1413.

[13] 刘歆粤. 渗铝涂层不锈钢氚渗透特性实验研究[D]. 哈尔滨:哈尔滨工程大学,2006.

[14] 袁晓明. 聚变堆系统阻氚涂层技术研究现状及展望[R]. 合肥:第一届核聚变材料论坛,2015.

[15] KONYS J,KRAUSS W,HOLSTEIN N. Development of advanced processes for Al-based anticorrosion and T-permeation barriers[R]. Dalian:9th International Symposium of Fusion Nuclear Technology,2009.

[16] 张桂凯. 室温熔盐镀铝-氧化法制备铝化物阻氚层技术研究[D]. 绵阳:中国工程物理研究院,2010.

[17] ZHANG G K,LI J,CHEN C A,et al. Tritium permeation barrier-aluminized coating prepared by Al-plating and subsequent oxidation process[J]. J. Nucl. Mater. ,2011,417(1-3):1245-1248.

[18] KONYS J,KRAUSS W,HOLSTEIN N,et al. Development of advanced processes for Al-based anticorrosion and T-permeation barriers[J]. Fusion Eng. Des. ,2010,85(10-12):2141-2145.

[19] WULF S,HOLSTEIN N,KRAUSS W,et al. Influence of deposition conditions on the microstructure of Al-based coatings for applications as corrosion and anti-permeation barrier[J]. Fusion Eng. Des. ,2013,88(9-10):2530-2534.

[20] KRAUSS W,KONYS J,HOLSTEIN N,et al. Al-based anti-corrosion and T-permeation barrier development for future DEMO blankets[J]. J. Nucl. Mater. ,2011,417(1-3):1233-1236.

[21] 赖新春. 阻氚涂层及氚密封材料工程化技术[R]. 成都:国家磁约束核聚变能发展研究专项课题总结会,2017.

[22] YANG F,LU G,XIANG X,et al. Tritium permeation characterization of Al_2O_3/FeAl coating as tritium permeation barrier on 321 steel container[J]. J. Nucl. Mater. ,2016,478:144-148.

[23] ZHANG G,YANG F,LU G,et al. Fabrication of Al_2O_3/FeAl coating as tritium permeation barrier on tritium operating component on quasi-CFETR scale[J]. J. Fusion Energy,2018,37(6):317-321.

[24] 向鑫. 铝化物阻氚涂层中的基底效应研究[D]. 绵阳:中国工程物理研究院,2016.

[25] FEDOROV V V,ZASADNYI T M,KOROLYUK R I,et al. Hydrogen permeability of proton-irradiated reactor steels with oxide films[J]. Mater. Sci. ,2000,36(5):701-706.

[26] SUNDAR R S,DEEVI S C. Effect of carbon addition on the strength and creep resistance of FeAl alloys[J]. Metall. Mater. Trans. A,2003,34(10):2233-2246.

[27] GONZÁLEZ-RODRÍGUEZ J G,LUNA-RAMÍREZ A,SALAZAR M,et al. Molten salt corrosion resistance of FeAl alloy with additions of Li,Ce and Ni[J]. Mater. Sci. Eng. A,2005,399(1-2):344-350.

[28] PARVATHAVARTHINI N,PRAKASH U,DAYAL R K. Effect of carbon addition on hydrogen permeation in an Fe_3Al-based intermetallic alloy[J]. Intermetallics,2002,10(4):329-332.

[29] KITAJIMA Y,HAYASHI S,NISHIMOTO T,et al. Acceleration of metastable to alpha transformation of Al_2O_3 scale on Fe-Al alloy by pure-metal coatings at 900℃[J]. Oxid. Met. ,2011,75(1-2):41-56.

[30] ZAJEC B. Hydrogen permeation barrier-Recognition of defective barrier film from transient permeation rate[J]. Int. J. Hydrogen Energy,2011,36(12):7353-7361.

[31] SÁNCHEZ L,BOLÍVAR F J,HIERRO M P,et al. Temperature dependence of the oxide growth on aluminized 9-12%Cr ferritic-martensitic steels exposed to water vapour oxidation[J]. Thin Solid Films,2009,517(11):3292-3298.

[32] KONYS J,AIELLO A,BENAMATI G,et al. Status of tritium permeation barrier development in the EU[J].

Fusion Sci. Technol. ,2005,47(4):844-850.

[33] ZHANG G K,CHEN C A,LUO D L,et al. An advance process of aluminum rich coating as tritium permeation barrier on 321 steel workpiece[J]. Fusion Eng. Des. ,2012,87(7-8):1370-1375.

[34] FAZIO C,STEIN-FECHNER K,SERRA E,et al. Investigation on the suitability of plasma sprayed Fe-Cr-Al coatings as tritium permeation barrier[J]. J. Nucl. Mater. ,1999,273(3):233-238.

[35] CHENG W J,WANG C J. Microstructural evolution of intermetallic layer in hot-dipped aluminide mild steel with silicon addition[J]. Surf. Coat. Tech. ,2011,205(19):4726-4731.

[36] CHENG W J,LIAO Y J,WANG C J. Effect of nickel preplating on high-temperature oxidation behavior of hot-dipped aluminide mild steel[J]. Mater. Charact. ,2013,82:58-65.

[37] HAN S,LI H,WANG S,et al. Influence of silicon on hot-dip aluminizing process and subsequent oxidation for preparing hydrogen/tritium permeation barrier[J]. Int. J. Hydrogen Energy,2010,35(7):2689-2693.

[38] GLASBRENNER H,NOLD E,VOSS Z. The influence of alloying elements on the hot-dip aluminizing process and on the subsequent high-temperature oxidation[J]. J. Nucl. Mater. ,1997,249(1):39-45.

[39] AHMADI H,LI D Y. Mechanical and tribological properties of aluminide coating modified with yttrium[J]. Surf. Coat. Tech. ,2002,161(2-3):210-217.

[40] WANG X Y,LI D Y. Effects of yttrium on mechanical properties and chemical stability of passive film of aluminide coating on 1045 steel[J]. Surf. Coat. Tech. ,2002,160(1):20-28.

[41] ZHANG T,LI D Y. Beneficial effect of oxygen-active elements on the resistance of aluminide coatings to corrosive erosion and dry erosion[J]. Surf. Coat. Tech. ,2000,130(1):57-63.

[42] ZHAN Q,YANG H G,ZHAO W W. Characterization of the alumina film with cerium doped on the iron-aluminide diffusion coating[J]. J. Nucl. Mater. ,2013,442(1-3):S603-S606.

[43] LEE D B,KIM G Y,KIM J G. The oxidation of $Fe_3Al-(0,2,4,6\%)Cr$ alloys at 1000℃[J]. Mater. Sci. Eng. A,2003,339(1-2):109-114.

[44] PINT B A,HAYNES J A,BESMANN T M. Effect of Hf and Y alloy additions on aluminide coating performance[J]. Surf. Coat. Tech. ,2010,204(20):3287-3293.

[45] XIAO C,CHEN W. Sulfidation resistance of CeO_2-modified HVOF sprayed FeAl coatings at 700℃[J]. Surf. Coat. Tech. ,2006,201(6):3625-363.

[46] STREIFF R,BOONE D H. Corrosion resistant modified aluminide coatings[J]. J. Mater. Eng. ,1988,10(1):15-26.

[47] ZHANG Y,PINT B A,COOLEY K M,et al. Effect of nitrogen on the formation and oxidation behavior of iron aluminide coatings[J]. Surf. Coat. Tech. ,2005,200(5):1231-1235.

[48] KAMACHI M U,BHUVANESWARAN N,SHANKAR P,et al. Corrosion behaviour of intermetallic aluminide coatings on nitrogen-containing austenitic stainless steels[J]. Corros. Sci. ,2004,46(12):2867-2892.

[49] CHENG W J,WANG C J. Effect of chromium on the formation of intermetallic phases in hot-dipped aluminide Cr-Mo steels[J]. Appl. Surf. Sci. ,2013,277(15):139-145.

[50] TORTORICI P C,DAYANANDA M A. Phase formation and interdiffusion in Al-clad 430 stainless steels[J]. Mate. Sci. Eng. A,1998,244(2):207-215.

[51] 朱履冰,包兴. 表面与界面物理[M]. 天津:天津大学出版社,1992.

[52] ZHANG G,WANG X,YANG F,et al. Energetics and diffusion of hydrogen in hydrogen permeation barrier of $\alpha-Al_2O_3$/FeAl with two different interfaces[J]. Int. J. Hydrogen Energy,2013,38(18):7550-7560.

[53] 严有为. 先进阻氚涂层材料关键基础问题研究[R]. 成都:国家磁约束核聚变能发展研究专项课题总结会,2017.

[54] 何迪. Cr_2O_3/Al_2O_3阻氢渗透涂层制备与性能研究[D]. 北京:北京有色金属研究总院,2014.

[55] WANG L, WU Y Y, LUO X F, et al. Effects of Ar/O_2 ratio on preparation and properties of multilayer Cr_2O_3/α-Al_2O_3 tritium permeation barrier[J]. Surf. Coat. Tech. ,2018,339:132-138.

[56] ZMITKO M. Recent and on-going tritium-related activities in the EU for helium-cooled lithium-lead blanket[R]. Idaho:Coordinating Meeting on R&D for Tritium and Safety Issues in PbLi Breeders,2007.

[57] WANG J, LI Q, XIANG Q, et al. Study of Al_2O_3/Er_2O_3 composite coatings as hydrogen isotopes permeation barriers[J]. Int. J. Hydrogen Energy,2016,41(2):1326-1332.

[58] LEVCHUK D, BOLT H, DÖBELI M. Al-Cr-O thin films as an efficient hydrogen barrier[J]. Surf. Coat. Technol. ,2008,202(20):5043-5047.

[59] 张敏. α-Al_2O_3/Al-Cr 合金涂层的低温制备及相关机理研究[D]. 杭州:浙江大学,2015.

[60] ZHANG K, HATANO Y. Preparation of Mg and Al phosphate coatings on ferritic steel by wet-chemical method as tritium permeation barrier[J]. Fusion Eng. Des. ,2010,85(7-9):1090-1093.

[61] KULSARTOV T V, HAYASHI K, NAKAMICHI M. Investigation of hydrogen isotope permeation through F82H steel with and without a ceramic coating of Cr_2O_3-SiO_2 including $CrPO_4$[J]. Fusion Eng. Des. , 2006,81(1-7):701-705.

[62] NAKAMICHI M, KULSARTOV T V, HAYASHI K. In-pile tritium permeation through F82H steel with and without a ceramic coating of Cr_2O_3-SiO_2 including $CrPO_4$[J]. Fusion Eng. Des. ,2007,82(15-24):2246-2251.

[63] TAKAGI I, KOBAYASHI T, UEYAMA Y. Deuterium diffusion in a chemical densified coating observed by NRA[J]. J. Nucl. Mater. ,2009,386-388:682-624.

[64] NAKAMICHI M, NAKAMURA H, HAYASHI K, et al. Impact of ceramic coating deposition on the tritium permeation in the Japanese ITER-TBM[J]. J. Nucl. Mater. ,2009,386-388:692-695.

[65] LI H, KE Z, XUE L, et al. A novel low-temperature approach for fabricating α-Al_2O_3-based ceramic coating as tritium permeation barrier[J]. Fusion Eng. Des. ,2017,125:567-572.

[66] WANG L, SUN F, ZHOU Q, et al. Hydrogen diffusion mechanism on α-$AlPO_4$(0001)/α-Al_2O_3(0001) interface:a first-principles study[J]. Fusion Eng. Des. ,2017,125:582-587.

[67] WU Y, JIANG L, HE D, et al. Effect of Cr_2O_3 layer on the deuterium permeation properties of Y_2O_3/Cr_2O_3 composite coating prepared by MOCVD[J]. Int. J. Hydrogen Energy,2016,41(36):16101-16107.

[68] CHIKADA T, SUZUKI A, KOCH F, et al. Fabrication and deuterium permeation properties of erbia-metal multilayer coatings[J]. J. Nucl. Mater. ,2013,442(1-3):S592-S596.

[69] MOCHIZUKI J, HORIKOSHI S, FUJITA H, et al. Preparation and characterization of Er_2O_3-ZrO_2 multilayer coating for tritium permeation barrier by metal organic decomposition[J]. Fusion Eng. Des. ,2018, 136(Part A):219-222.

[70] ZHU S, WU Y, LIU T, et al. Interface structure and deuterium permeation properties of Er_2O_3/SiC multilayer film prepared by RF magnetron sputtering[J]. Int. J. Hydrogen Energy,2015,40(16):5701-5706.

[71] 姚振宇. 聚变堆包层材料不同涂层的防氚渗透性能研究[D]. 北京:中国原子能科学研究院,2001.

内 容 简 介

紧密结合阻氚涂层材料在聚变反应堆中的实际研发需求,结合国内外最新文献,系统总结了氧化物基、非氧化物基和复合阻氚涂层材料的特点。围绕涂层材料的基本性质、制备技术和性能、阻氚渗透以及氢致材料损伤机理,全面总结了阻氚涂层的研究进展。针对阻氚涂层在国际热核聚变实验堆(ITER)和中国聚变工程实验堆(CFETR)氚相关系统中的工程应用,对当前国内外阻氚涂层优化相关科学技术问题的思考、分析进行了客观总结,并汇集了不同的学术观点。这些学术观点为阻氚涂层研究指明了方向。

本书可为从事聚变堆阻氚涂层设计、材料研究和工程开发工作的科技人员,以及高等院校材料科学专业的研究生和本科生提供参考。

The book closely follows the actual research and development needs of tritium permeation barrier(TPB) materials in fusion reactors. Based on a series of leading achievements in TPBs, and combined with the latest domestic and foreign literatures, it systematically summarizes the characteristics of oxide-based, non-oxide-based and composite TPB materials. Focusing on the basic properties, preparation techniques and performance of TPB coatings, related mechanisms of tritium permeation resistance and hydrogen-induced material damage, a comprehensive summary of the research progress on TPBs is presented, which can basically reflects the scientific frontiers and research hot spots of TPBs at home and abroad. For the engineering applications of TPBs in tritium related systems in International Thermonuclear Experimental Reactor(ITER) and China Fusion Engineering Test Reactor(CFETR), the scientific and technological issues related to TPB optimization are objectively summarized and analyzed, and different academic perspectives are also presented. The academic perspectives provide a developing direction in the TPB field.

This book can be used as a reference book for scientific and technical personnel engaged in the design, material research, and engineering development of TPBs for fusion reactors, as well as graduate and undergraduate students majoring in materials science in colleges and universities.

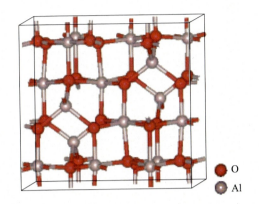

图 2.6 γ-Al$_2$O$_3$ 的晶体结构

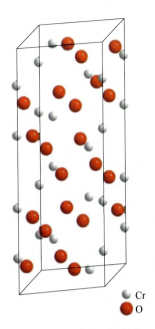

图 2.7 Cr$_2$O$_3$ 的晶体结构

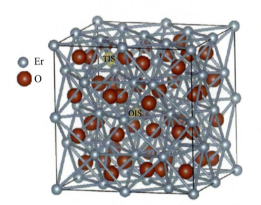

图 2.8 立方结构 Er$_2$O$_3$ 的晶体结构

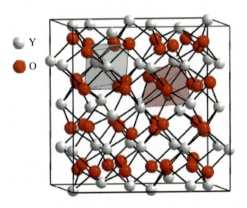

图 2.9 六方相 Y$_2$O$_3$ 的晶体结构

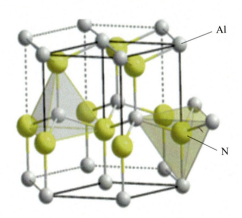

图 2.13 AlN 的晶体结构

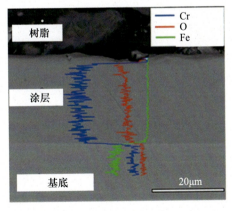

图 3.20 电流密度为 0.3A/cm^2、氧化温度为 700℃时制备的 Cr$_2$O$_3$ 涂层截面形貌

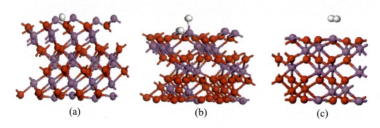

图 4.5　H 单原子、H 双原子和 H_2 分子在 α-Al_2O_3(0001)表面的吸附构型

(a) H 单原子；(b) H 双原子；(c) H_2 分子。

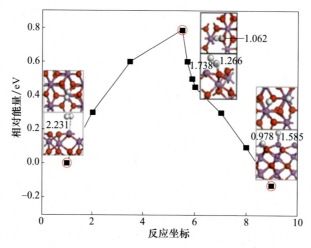

图 4.6　H_2 分子在 α-Al_2O_3(0001)表面的解离路径

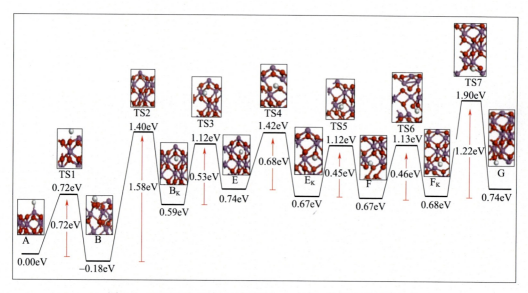

图 4.7　H 原子由(0001)表面进入 α-Al_2O_3 体相中的扩散路径

彩 2

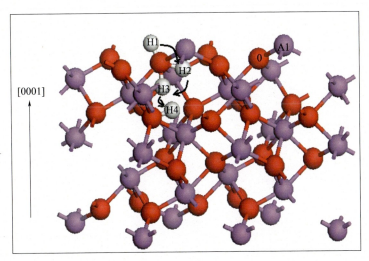

图 4.8 H 原子由 (0001) 表面进入 α-Al$_2$O$_3$ 体相中的运动方式

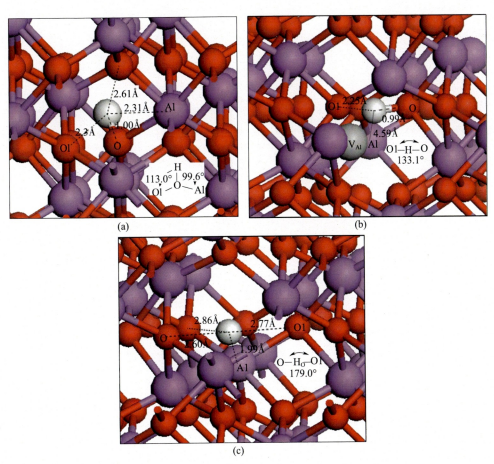

图 4.10 α-Al$_2$O$_3$ 中 H 相关缺陷 H$_i^+$、[V$_{Al}^{3-}$-H$^+$]$^{2-}$ 和 H$_O^+$ 的局域原子结构
(白色小球表示 H 原子，灰色小球表示 Al 空位)
(a) H$_i^+$；(b) [V$_{Al}^{3-}$-H$^+$]$^{2-}$；(c) H$_O^+$。

彩 3

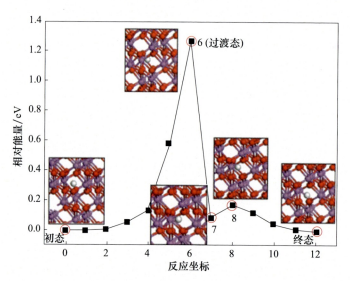

图 4.11　α-Al$_2$O$_3$ 中 H$_i^+$ 非局域扩散的势能曲线及其原子构型图

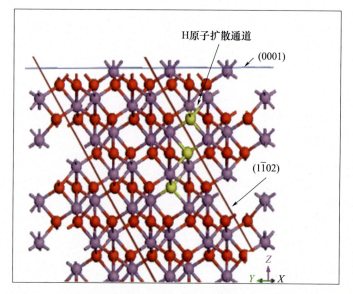

图 4.13　α-Al$_2$O$_3$ 的晶面方向与 H$_i^+$ 扩散通道的结构关系示意图

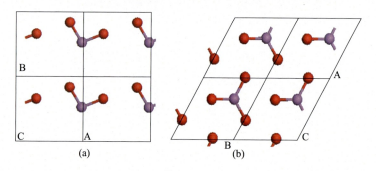

图 4.14　(2×2)α-Al$_2$O$_3$($1\bar{1}02$)表面和(0001)表面原子结构图

(a)($1\bar{1}02$)表面；(b)(0001)表面。

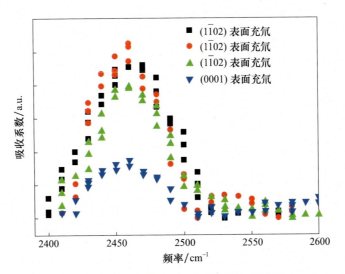

图 4.15 高温充氚 α-Al_2O_3 单晶的红外光谱

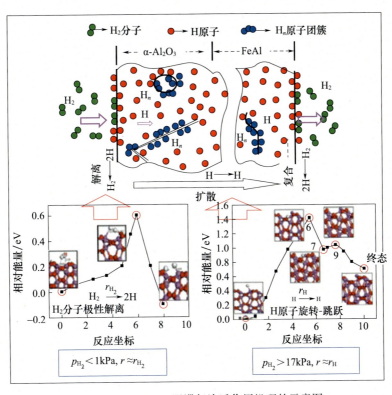

图 4.17 α-Al_2O_3 阻滞氢渗透作用机理的示意图

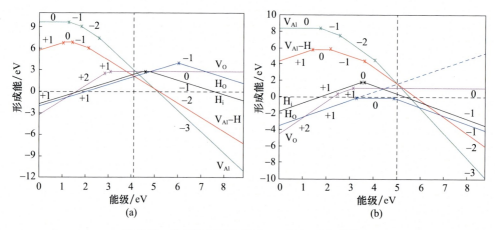

图 4.18 贫氧及富氢条件下，α-Al₂O₃ 中各种价态
H 相关缺陷和空位型缺陷的形成能随能级的变化关系
(a) Cr 掺杂前；(b) Cr 掺杂后。

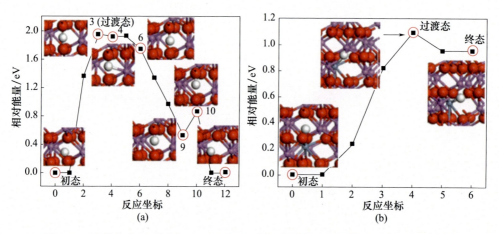

图 4.19 未掺杂和 Cr 掺杂 α-Al₂O₃ 中 H_i 非局域扩散的势能曲线及其原子构型图
(a) 未掺杂；(b) Cr 掺杂。

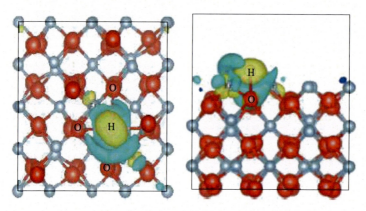

图 4.20 H 原子吸附在 Er₂O₃ 表面的电荷密度分布图

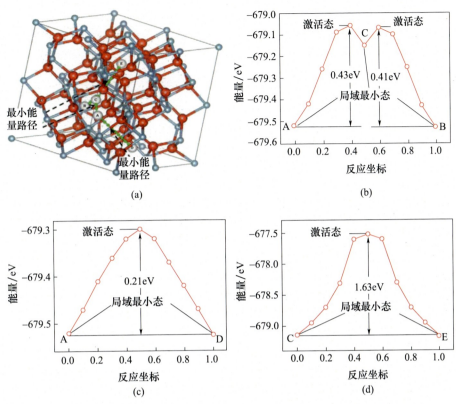

图4.21 中性H原子在Er_2O_3中的扩散路径及相应的势能曲线。
A、B和D表示四面体间隙,C和E表示八面体间隙
(a) H原子可能的扩散路径;(b) 路径A—B—C的势能曲线;
(c) 路径A—D的势能曲线;(d) 路径C—E的势能曲线。

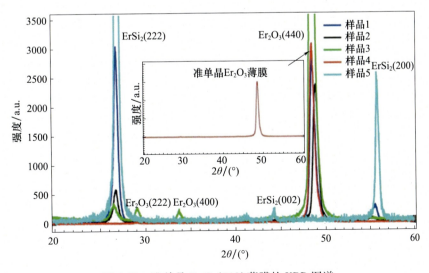

图4.23 准单晶Er_2O_3(110)薄膜的XRD图谱

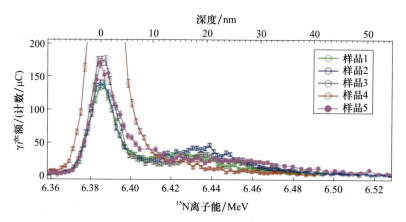

图 4.24 准单晶 Er_2O_3(110)薄膜中的 H 分布谱图

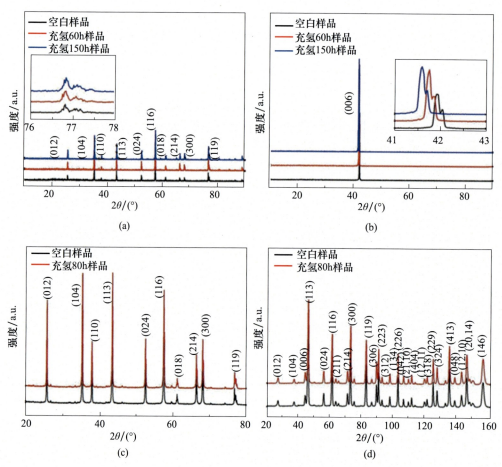

图 4.27 不同形态 $\alpha\text{-}Al_2O_3$ 在 600℃热处理(空白样品)和
氢处理后的 XRD 图谱及中子衍射图谱

(a)陶瓷 XRD 图谱;(b)单晶 XRD 图谱;(c)粉末 XRD 图谱;(d)粉末中子衍射图谱。

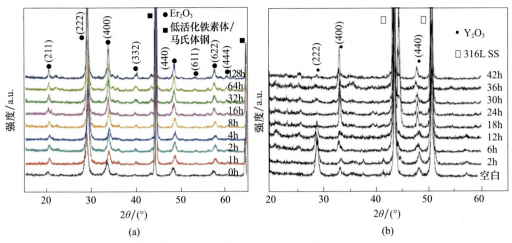

图 4.30 Er₂O₃ 和 Y₂O₃ 涂层在 700℃ 氢处理后的 XRD 图

(a) Er₂O₃；(b) Y₂O₃。

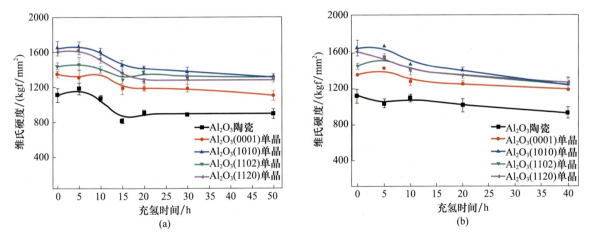

图 4.32 α-Al₂O₃ 陶瓷和单晶在氢气氛中处理后的硬度随时间的变化

(a) 600℃；(b) 700℃。

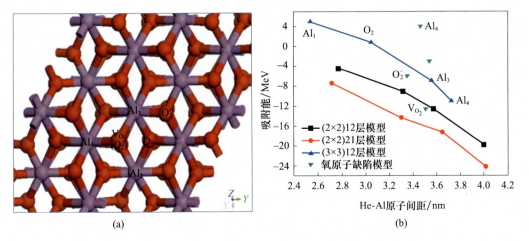

图 4.39 α-Al₂O₃(0001) 表面 He 的可能吸附位及吸附能

(a) 可能吸附位；(b) 吸附能。

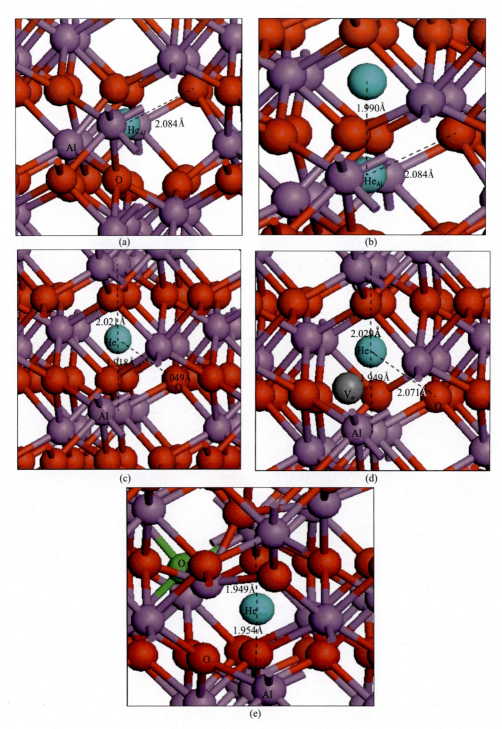

图 4.40 α-Al$_2$O$_3$ 中 He 相关缺陷的局域原子结构(浅灰色小球表示 He 原子)

(a) He$_{Al}^{3-}$; (b) He-He$_{Al}^{3-}$; (c) He$_i$; (d) [V$_O^0$-He$_i$]^0; (e) [O$_i^{2-}$-He]$^{2-}$。

彩 10

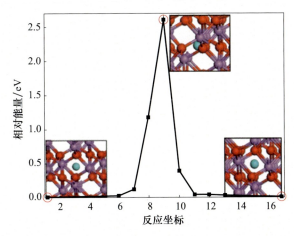

图 4.41 α-Al$_2$O$_3$ 中 He 原子以"跳跃"的方式扩散的势能曲线

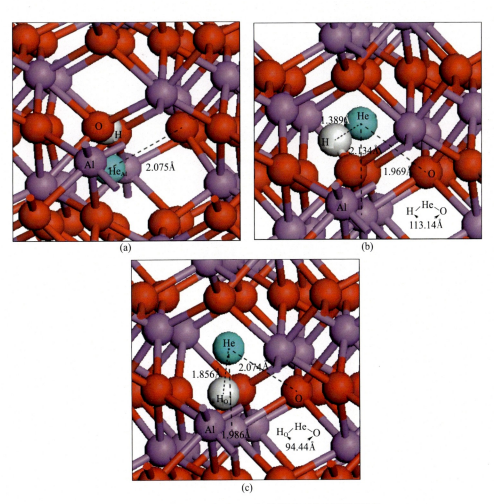

图 4.42 α-Al$_2$O$_3$ 中 H、He 相关缺陷的局域原子结构

(白色和青色小球分别表示 H 原子和 He 原子)

(a) [He$_{Al}^{3-}$-H$^+$]$^{2-}$; (b) [He$_i$-H$^+$]$^+$; (c) [H$_O^+$-He$_i$]$^+$。

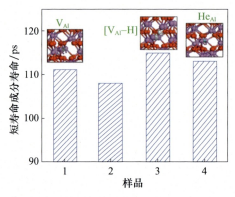

图 4.45 在不同气氛中处理后,α-Al_2O_3 单晶 PAS 谱中的短寿命成分谱及相应的局域原子结构

1—空白样;2—高温充 Ar 样;3—高温充氦样;4—高温充氦后老化 1.5 年样。

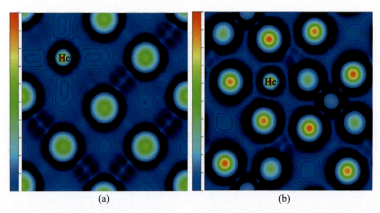

图 4.50 He 位于 Y_2O_3 中缺陷位时的电子密度图

(a) Y1 空位;(b) 16c 间隙位。

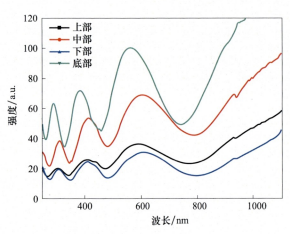

图 5.14 ϕ150mm 容器表面 Fe-Al 涂层氧化后不同部位的反射光谱

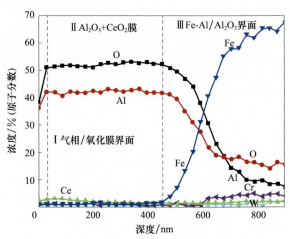

图 5.24 Ce 掺杂后,CLAM 钢表面用 PC 法制备的 Al_2O_3 膜中元素的深度分布情况

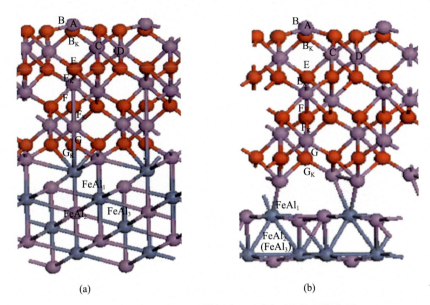

图 5.25 α-Al$_2$O$_3$/FeAl 模型中 H 原子可能的吸附位置

字母 A、C 和 D 分别表示组元 α-Al$_2$O$_3$ 中的第 1、2 和 4 层上 Al 原子上方的吸附位,B、E、F 和 G 分别表示第 2、5、8 和 11 层上 O 原子上方的吸附位;B$_K$、E$_K$、F$_K$ 和 G$_K$ 分别表示第 2、5、8 和 11 层上 O 原子下方的吸附位。FeAl$_1$、FeAl$_2$、FeAl$_3$ 分别表示组元 FeAl 的横截表面及其次表面的吸附位。其中,在 Al/Fe/O 界面中 FeAl$_2$、FeAl$_3$ 表示八面体间隙位;在 Al/O 界面中 FeAl$_2$、FeAl$_3$ 表示 Fe 三角(Fe 原子组成的三角形)的两侧的吸附位。

(a)有 Al/Fe/O 界面的 α-Al$_2$O$_3$/FeAl;(b)有 Al/O 界面的 α-Al$_2$O$_3$/FeAl。

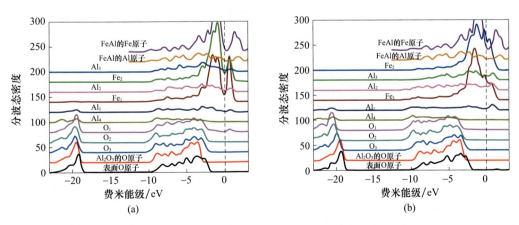

图 5.26 α-Al$_2$O$_3$/FeAl 界面中 Al、Fe 和 O 原子的分波态密度

图中原子编号及其在 α-Al$_2$O$_3$/FeAl 中的位置如图 5.25 所示。

(a)有 Al/Fe/O 界面的 α-Al$_2$O$_3$/FeAl;(b)有 Al/O 界面的 α-Al$_2$O$_3$/FeAl。

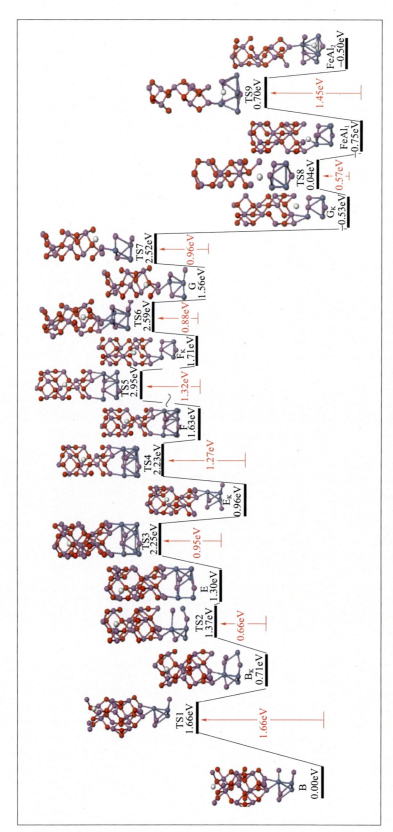

图 5.28 有 Al/O 界面的 α-Al$_2$O$_3$/FeAl 中 H 原子扩散的最小势能曲线及原子结构构型图

彩 14

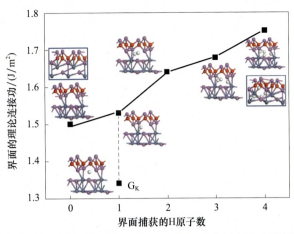

图 5.29　Al/O 界面的理论连接功随界面 H 原子数的变化曲线及相应的界面原子结构构型
蓝色方框中为 Al/Fe/O 界面的原子结构构型。

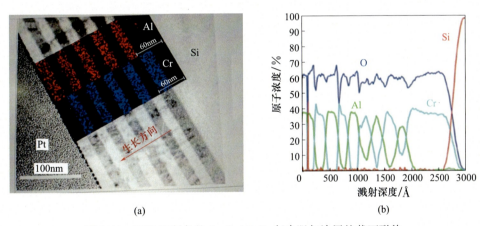

(a)　　　　　　　　　　　　　(b)

图 5.40　PVD 法制备的 Cr_2O_3/Al_2O_3 复合阻氚涂层的截面形貌
(a) TEM 形貌；(b) AES 图谱。

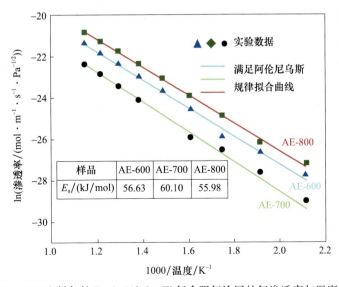

图 5.45　PVD 法制备的 $Er_2O_3/Al_2O_3/W$ 复合阻氚涂层的氚渗透率与温度的关系

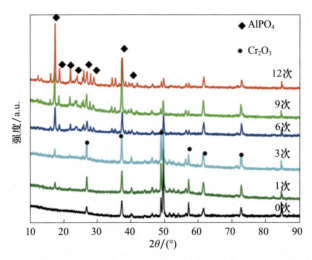

图 5.55 不同浸渍-提拉次数下 AlPO$_4$/Cr$_2$O$_3$ 复合阻氚涂层的 XRD 图谱

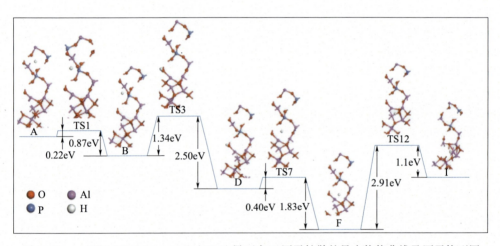

图 5.60 α-AlPO$_4$(0001)/α-Al$_2$O$_3$(0001) 界面中 H 原子扩散的最小势能曲线及原子构型图

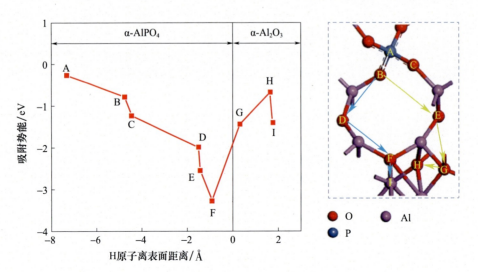

图 5.61 H 原子在 α-AlPO$_4$(0001)/α-Al$_2$O$_3$(0001) 界面中的吸附势能曲线